软装设计

■ 王芝湘 之凡设计工作室 编著

人民邮电出版社

北 京

图书在版编目（ＣＩＰ）数据

软装设计 / 王芝湘，之凡设计工作室编著. -- 北京：
人民邮电出版社，2016.7（2022.1重印）
ISBN 978-7-115-42364-1

Ⅰ．①软… Ⅱ．①王… ②之… Ⅲ．①室内装饰设计
Ⅳ．①TU238

中国版本图书馆CIP数据核字(2016)第095299号

◆ 编　　著　王芝湘　之凡设计工作室
　　责任编辑　刘　博
　　责任印制　沈　蓉　彭志环
◆ 人民邮电出版社出版发行　　北京市丰台区成寿寺路 11 号
　　邮编　100164　　电子邮件　315@ptpress.com.cn
　　网址　https://www.ptpress.com.cn
　　涿州市京南印刷厂印刷
◆ 开本：787×1092　1/16
　　印张：13　　　　　　　　2016 年 7 月第 1 版
　　字数：317 千字　　　　　2022 年 1 月河北第 5 次印刷

定价：59.80 元

读者服务热线：(010)81055256　印装质量热线：(010)81055316
反盗版热线：(010)81055315
广告经营许可证：京东市监广登字 20170147 号

前　言

在设计中，室内建筑设计俗称"硬装设计"，而室内的陈设艺术设计则俗称为"软装设计"。"软装"可以理解为室内陈列的一切可以移动的装饰物品，包括家具、灯具、布艺、窗帘、饰品、画品、花艺等。软装设计现在已经迅速成为一门独立而富有朝气的艺术行当，软装饰越来越多地被重视，市场需求量也在不断增加。

目前，中国已经进入了家居软装饰时代，"轻装修，重装饰"的理念越来越为人们所重视。在现代消费文化占主导的潮流中，人们对生活的品位逐渐体现在所生活的环境中，因此要不断探求新的软装饰设计理念与发展趋势。软装设计着重于对室内环境的美学提升，注重室内空间的风格化、个性化。"以人为本"是软装设计的主导思想，目的是搭配出更协调、更高雅、更能彰显居住者品位的陈设，创造一个符合美学的空间环境。在彰显个性的时代，异彩纷呈、不拘一格的软装饰更是成为家居设计的主流方式。软装设计所做的就是关于生活的艺术，让艺术更加生活化和实用化。

本书汇集了全面的软装设计艺术理论与实践知识要点，针对当前比较流行的室内软装饰理念，通过系统化地论述软装设计中的各个要点，详细阐述了家居软装设计的艺术建构实体要素，即"家居软装设计之七大元素"，在注重理论基础的同时，紧密结合实践操作的讲解，能够很好地引导读者从设计的角度、空间的环境特点出发，以实践及市场的需求为引导，同时在文化和内涵上提升生活空间的质量和品位。书中的案例图片大多来源于工作实践中的真实项目，形象生动，读者只要按照书中讲述的各个环节着手实施，就能轻松掌握每个细节。本书能够为各大高校师生以及广大爱好者、从业人士提供设计灵感，具有很强的参考价值。

本书主要的编写工作由王芝湘老师完成，另外赵千千负责协助收集资料和编撰工作。如若书中存在不妥之处，还望广大读者批评和指正。

本书配套资源可到人民邮电出版社教学服务与资源网（www.ptpedu.com.cn）上下载，或联系本书责任编辑：liubo@ptpress.com.cn。

编著者

2016 年 3 月

目　录

软 装 设 计
Soft Decoration

第1章
软装设计概述

软装设计
Soft Decoration

1.1 软装设计的含义

在室内设计中，室内建筑设计可以简称为"硬装"，而室内的陈设艺术设计可以简称为"软装"。而"软装"可以理解为室内陈列的一切可以移动的装饰物品，包括家具、灯具、布艺、窗帘、饰品、画品、花艺等几大部分。通俗地讲，如果我们把装修好的房子倒过来，能掉下来的东西都属于软装。

软装设计现在已经迅速成为一门独立而富有朝气的艺术行当。软装饰越来越多地被重视，市场需求量不断增加。与硬装完成以后不能随意改变的局限相比，软装可以随人们的喜好和潮流的更替随意更换（见图1–1）。

图1–1 软装陈设让室内焕发生机

1.2 软装设计的作用

软装设计旨在高度发达的工业时代弱化或消除钢筋混凝土建筑物带给人的冷硬感和疏离感，通过艺术的表现手法，促使人们开始关注身边环境，放松心情，享受生活，积极创造美好的未来。软装设计最主要的作用可以归纳为以下几个方面。

1. 营造意境，创造美好愿景

软装设计师通过对场景进行情感营造，赋予现实场景一个完整的精神寄托，可以根据个人喜好、特殊感情等因素进行不同的软装风格设计。软装设计可以制造出欢快热烈的喜庆气氛、亲切随和的轻松气氛、深沉宁重的庄严气氛、高雅清新的文化艺术气氛等，给人留下不同的印象（见图1–2、图1–3和图1–4）。

图1–2 极具形式感的艺术空间　　　　图1–3 高雅的审美空间　　　　图1–4 轻松的空间氛围

2. 创造二次空间层次

硬装设计中的墙面、地面、顶面围合成一次空间，由于硬装的特性，后期很难改变其形状，但可以利用室内陈设的方式对空间进行再创造。这种利用软装方式重新规划出的可变空间称为"二次空间"。这种利用家具、地毯、绿化、灯光等创造出的二次空间不仅使空间的使用功能更趋合理，更能让室内空间的分割更富有层次感（见图 1-5、图 1-6）。

图 1-5　利用家具、地毯划分空间层次　　　　　　图 1-6　富有层次感的空间设计

3. 强调室内环境风格

与建筑设计和硬装设计一样，室内空间陈设也有不同的风格，如古典风格、现代风格、乡村风格等。合理的整体软装设计对室内环境风格起着强调作用，因为软装配饰素材本身的造型、色彩、图案、质感均具有一定的风格特征，它将进一步强化室内环境的风格（见图 1-7、图 1-8）。

图 1-7　新古典风格的客厅设计　　　　　　图 1-8　新中式风格的客厅设计

4．柔化空间，调节环境色彩

软装设计以人为本，通过软装的方式和手段可以柔化空间，增添空间情趣，调节环境色彩，创造出一个富有情感色彩的美妙空间。而植物、织物、家具等丰富配饰语言的介入，无疑会使空间柔和起来，充满生机（见图1-9、图1-10、图1-11）。

图1-9　配饰营造了舒适休闲的氛围　　图1-10　植物的摆放使空间赏心悦目　　图1-11　家居与织物调节环境色彩

5．艺术化设计，投资化陈设

空间组织与界面规划、室内光照、色彩和材质、陈设艺术共同组成完整的室内设计，但只有陈设艺术是具有升值潜力的，其他都会随着时间而流逝。陈设艺术如果选择得好，有投资增值的效果，比如古董、艺术品和具有收藏价值的家具等（见图1-12、图1-13）。

图1-12　瓷器的摆放增添了空间的艺术价值　　图1-13　带有古典手绘的屏风极具收藏价值

1.3　软装设计的领域

软装主要针对高端人群，即经济条件相对优越者、对空间要求较高的客户，同时地产营销行业也会有所需求；而且随着从业人员的日益增加及人们生活水平的不断提高，家居陈设的需求越来越旺盛，其市场潜力非常巨大。

1. 软装设计师目前的工作领域

（1）与硬装设计公司和建筑公司合作，为整体项目提供软装陈设设计和后期采购配套方案。

（2）与陈设用品生产企业合作，进行陈设艺术品的研发、生产、服务。

（3）与房地产开发企业、酒店管理企业等室内环境直接使用方合作，进行定期的陈设艺术服务和顾问工作。

（4）担任陈设卖场的特约顾问，为卖场提供整体空间的陈设展示艺术。

（5）担任艺术行业、媒体行业的场景布置和环境设计的顾问工作。

（6）创造自己的软装品牌，为有需要的业群提供必要的服务（见图 1-14）。

图 1-14　各种造型的软装陈设艺术品

2. 软装设计师应具备的条件

软装设计师（见图 1-15、图 1-16）应该是一个多面手，需要学习和掌握的知识是全方位的。软装设计师应该具备的条件有以下几方面。

软 装 设 计
Soft Decoration

图 1-15 美国著名软装设计师

图 1-16 欧洲时尚软装设计师

（1）全面的专业知识

软装设计师必须掌握建筑与室内设计发展史、建筑设计原理、室内设计原理、陈设设计原理、设计概念表达、装修材料、构造及制图、绘画表现技法、人体工程学、环境色彩与照明等基础理论知识和设计基础知识，还要具备社交礼仪、音乐等方面的基本素养；此外对奢侈品的了解和熟悉也是必修课。

（2）强烈的责任感

软装可以让空间达到美好的效果，但并非随心所欲就能做好，它需要一位专业的、有经验的、负责的配饰师对空间进行整体把握。首先对业主的喜好做到充分了解，从而提炼出符合设计意图的"故事情节"，然后每一样陈列物都按这个"故事情节"来进行搭配，以期达到最终完美的展现效果。设计师的责任感是一个项目成功与否的基本条件。

（3）细腻的性格

作为一个软装设计师，细心是一个项目成功的不二法则。从项目接洽到方案制作，再到最后摆场，每个环节都要求设计师具有敏锐的观察力，需要考虑到非常细小的环节，比如餐桌上刀叉的摆放位置等，这都需要细腻的性格做保障。

课后作业

通过学习基础性的软装设计概论，列举出几个关于学习软装设计的要点和方法，同时收集图片资料，结合自身理解进行信息的整理与分析，要求思路明确、语言简洁。

第 2 章
软装设计风格

学习软装设计首先要了解风格与流派。风格指的是风格品度，体现创作中的艺术特色和个性，多从历史和地域角度出发；流派是指室内设计方面的学术和文艺方面的艺术派别。软装设计风格根据室内布置、线型、色调以及家具、陈设的造型等可以分为如下几种。

（1）西方传统风格

罗马式风格、哥特式风格、文艺复兴式风格、巴洛克式风格、洛可可式风格、路易十四式风格、新古典主义风格、西班牙传统风格等。

（2）东方风格

古典中式风格、新古典中式风格、现代中式风格、东南亚传统风格等。

（3）现代风格与后现代风格

现代风格和后现代风格。

（4）其他风格

法式乡村风格、美式乡村风格、地中海风格、混合风格等。

2.1 西方传统风格

2.1.1 罗马式风格

从公元前 27 年罗马皇帝时代开始，室内装饰结束了朴素、严谨的共和时期风格，开始转向奢华。罗马建筑是由教堂建筑衍化而来，这类建筑特点是：室内窗少、阴暗，因此多采用室内浮雕、雕塑的装饰来体现庄重美和神秘感。

1. 罗马式风格室内硬装特点

将拱形设计巧妙地融入室内装饰空间，充分展现这种设计兼具功能性和装饰性的效果；房屋多采用前花园后天井的建筑规划，房屋内部装饰精美，在没有窗户的墙壁上通常局部进行镶嵌装饰，并绘制精美的壁画。地面一般铺贴精美的彩色地砖，实用美观，而且展现了家族的财力与地位（见图 2-1、图 2-2）。

图 2-1　房屋采用前花园后天井的设计

图 2-2　墙壁上饰以精美壁画

2. 罗马式风格室内软装元素

古罗马家具设计多从古希腊衍化而来，家具厚重，装饰复杂而精细，全部由高档的木材镶嵌美丽的象牙或金属装饰打造而成；家具造型参考了建筑特征，多采用三腿和带基座的造型，增强坚固度；用珍贵的织物来制作家具坐垫和进行室内装饰（见图2-3至图2-6）。

图 2-3　三腿造型坐凳　图 2-4　高档木材镶嵌金属装饰而成的玄关柜　图 2-5　用高档木材打造的厚重的书柜

2.1.2　哥特式风格

公元 1100 年之后，在法国巴黎附近新出现了一种风格——"法国式"，后来这种风格以摧毁古罗马文明的哥特人的名字命名为"哥特式风格"。早期哥特式建筑采用尖拱和菱形穹顶，以飞拱加强支撑，使建筑得以向高空发展，拥有城墙高耸的城池、黑暗的城堡、怪兽状滴水嘴和宏大的石材，配有彩色玻璃。

1. 哥特式室内硬装特点

14 世纪末，哥特式室内装饰向造型华丽、色彩丰富明亮的风格转变，当时的家具多模仿建筑拱形线脚造型。哥特式建筑的尖顶拱形结构使得室内空间大为扩展，墙壁的承重作用大为降低，多以令人惊叹的彩绘玻璃花窗做装饰（见图2-6、图2-7）。

图 2-6　巴黎圣母院是典型的哥特风格建筑

图 2-7　绘有圣经故事的花窗玻璃

2. 哥特式室内软装元素

内部通常使用金属格栅、门栏、木质隔间、石头雕刻的屏风和照明烛台等作为陈设和装饰；采用哥特式建筑主题如拱券、花窗格、四叶式建筑、布卷褶皱、雕刻和镂雕等设计家具；哥特式柜子和座椅多为镶嵌板式设计，既可用来储物，又可当作座位使用；许多华丽的哥特式宅邸中通常会有彩色的窗帘、刺绣帷幔和床品、拼贴精致的地板和精雕细琢的木质家具；内部装饰多以仿建筑的繁复木雕工艺、金属工艺和编织工艺为主，让室内装饰变得丰富多彩（见图2-8至图2-11）。

图 2-8　紫色彰显了室内的华丽

图 2-9　哥特式装饰柜　　　　图 2-10　采用镶嵌式设计的　　　　图 2-11　雕刻雅致的座椅
　　　　　　　　　　　　　　　座椅既可用来储物又可当座位

2.1.3　文艺复兴式风格

　　现代西方设计风格，很大一部分起源于文艺复兴时期。文艺复兴之前的中世纪，设计大多反映了当时的神秘主义，而到1400年左右，逐步富裕起来的意大利佛罗伦萨开始渴望社会进步和探索世界。这种文艺复兴的思维模式从佛罗伦萨开始，很快散播到米兰和整个意大利，最后在整个欧洲兴起。

1. 文艺复兴式室内硬装特点

　　意大利文艺复兴时期的室内运用了更多的家具和装饰品，设计时非常重视对称与平衡的原则，强调水平线，使墙面成为构图的中心；室内装饰在细节上重视运用由古罗马设计衍生出的嵌线和镶边；墙面虽然多为光滑简洁的设计，但一般会绘上壁画作为装饰；地板常以瓷砖、大理石或砖块拼接的图案铺设；横梁、边框和镶边也会根据主人的喜好和财力进行不同程度与风格的雕刻装饰（见图2-12、图2-13）。

图 2-12　圣彼得大教堂

图 2-13　壁画装饰的对称屋顶，美轮美奂

2. 文艺复兴式室内软装元素

随着传统古董和经典艺术越来越被人们欣赏，室内装饰也逐渐变得更为华丽与丰富，绘画、雕塑和许多其他艺术品都被大量地展示在家中，用于装饰；家具多采用直线式样，并配以古典的浮雕图案，除少量运用橡木、杉木、丝柏木外，基本采用核桃木制作，节省木材是当时的制作风气；采用大量的丝织品作为家具的装饰物，帷幔、靠枕和许多其他家纺用品都色彩鲜艳、图案丰富（见图 2-14、图 2-15）。

图 2-14　装饰雕塑运用在设计中

图 2-15　具有文艺复兴时期特色的装饰陈列

2.1.4　巴洛克式风格

巴洛克艺术相对于古典设计的单纯与稳重，更强调繁复夸饰，风格上大方庄严、雅致优美，并注重舒适性，室内整体装饰有海洋的气势，闪耀着珍珠的光芒，线条有一定的规矩。

1. 巴洛克式室内硬装特点

墙面和天花板都以立体的雕塑、雕刻修饰，绘上带有视觉错觉效果的绘画，使整个设计富于动感；立体结构上偏爱运用更复杂的几何原理和形状，如鹅蛋形、椭圆形、三角形和六边形等；楼梯也被设计成弯曲、盘绕的复杂形式；室内装饰在运用直线的同时，也强调线型的流动变化，具有华美、厚重的效果（见图 2-16、图 2-17、图 2-18）。

图 2-16　凡尔赛宫大门　　　　　　图 2-17　盘绕的楼梯　　　　　图 2-18　华美的室内装饰

2. 巴洛克式风格室内软装元素

　　家具的形式采用直线和圆弧相结合，注重对称的结构；椅子多为高靠背，并且下部一般有斜撑，以增强牢固度；桌面多采用大理石镶嵌。在室内，将绘画、雕刻等工艺集中于装饰和陈设艺术上，墙面装饰多以精美的法国壁毯为主；拥有精湛雕刻工艺的装饰物，又以镀金或镀银、涂漆、镶嵌、彩绘等手段装饰，色彩华丽且协调（见图 2-19、图 2-20、图 2-21）。

图 2-19　以华丽的金色作为主色调的室内软装陈设　　图 2-20　华美、厚重的软　　图 2-21　雕刻精湛的工艺品
　　　　　　　　　　　　　　　　　　　　　　　　　　　　装元素

2.1.5　洛可可式风格

　　洛可可式风格是巴洛克风格刻意装饰走向极端的结果。洛可可式风格作为一种建筑风格，表现在室内装饰上主要为轻松、明朗、亲切；相对于巴洛克式风格，其更具有纤巧秀美、繁复精致的女性化特点，极具装饰性。

1. 洛可可式风格室内硬装特点

　　拥有丰富的雕刻造型，频繁地使用短小、圆润转折的 C 形、S 形和漩涡形等变化丰富的曲线；天花板和墙面有时以弧面相连，转角处多布置壁画；地面用镶木地板、大理石或彩色瓷砖铺设，地毯在那时还是极为稀有的奢侈品，只有极少数人使用地毯装饰地面（见图 2-22、图 2-23）。

图 2-22　俄罗斯冬宫是典型的洛可可式风格建筑

图 2-23　充满女性化特征的博物馆装饰风格

2.　洛可可式风格室内软装元素

洛可可式风格相比巴洛克式风格，更为细腻和优雅，桌脚和凳腿较为纤细，弧度柔和，镶嵌的图案虽然相对较小，但非常精美；室内常用大镜面做装饰；大量运用花环、花束、天使、弓箭及贝壳图案纹样，善用金色和象牙白，色彩明快、柔和、清淡却豪华富丽（见图 2-24、图 2-25、图 2-26）。

图 2-24　豪华的室内装饰元素及陈设

图 2-25　玄关桌

图 2-26　洛可可式
风格装饰钟

2.1.6　路易十四式风格

文艺复兴后期的法国，形成了一种独特的"法国路易十四式风格"，但是相对于繁复夸张的意大利、奥地利及德国的巴洛克式设计，路易十四式风格显得更有逻辑与秩序，少了一分矫揉造作的华而不实，更接近于细腻的洛可可式风格的设计。现在，路易十四式风格已经从特指路易十四那个时代的装饰风格，逐渐衍生为指代任何含有文艺复兴式、巴洛克式和洛可可式 3 种风格装饰元素的软装风格。

1.　路易十四式风格室内硬装特点

墙面大量采用嵌板设计，并附以繁复的装饰雕刻，地面、墙面整体色彩艳丽，并开始大量运用大理石装饰；大量水晶及玻璃元素被运用到室内装饰中的各个部位，金色镶边和雕花比巴洛克式和洛可可式更为繁杂；弧形曲线及繁复雕刻装饰于整个室内，常见的装饰主题包括贝壳、半人半兽的森林神、小天

软 装 设 计
Soft Decoration

使、垂花纹饰、花环式、神话题材、涡形装饰（纹饰镜框）叶状卷涡纹和海豚（见图 2-27、图 2-28）。

图 2-27　凡尔赛宫镜厅是典型的路易十四式风格　　　　图 2-28　大量涡形装饰运用于室内设计、雕饰中

2. 路易十四式风格室内软装元素

华丽的水晶吊灯是这个风格的代表；桌面摆放着丰富的装饰摆件，例如经过繁复雕刻装饰的桌面钟和花瓶等；大型镀金镶边，设计华丽的边框装饰画和背景；家具以玳瑁或进口木料贴面，以黄铜、锡铅合金和象牙镶嵌，或全以金箔镶面，用镀金的厚铜皮包角或包住其他易磨损部位及毛糙的把手等，并饰以各种图案（见图 2-29、图 2-30、图 2-31）。

图 2-29　华丽精巧、甜腻温柔的　　　图 2-30　路易十四雕塑　　　图 2-31　以金箔包边的家具
路易十四式风格室内陈设

2.1.7　新古典主义风格

新古典主义设计风格起源于路易十六时期，也可以理解为改良后的古典主义风格。这种风格一方面保留了路易十六时期材质、色彩的大致风格，另一方面摒弃了过于复杂的肌理和装饰，简化了线条。新古典风格从繁杂到简单、从整体到局部，都给人一丝不苟的印象，人们可以很强烈地感受到传统的历史痕迹与浑厚的文化底蕴。

1．新古典主义风格室内硬装特点

在注重装饰效果的前提下，运用现代装饰手法和新材质还原古典气质，是新古典主义风格的主要设计方式，"形散神聚"是这种风格的最高境界；采用简洁的线条和现代的材料设计传统样式，追求古典风格的大致轮廓特点，不是仿古，也不是复古，而是追求神似；大量采用白色、金色、银色甚至黑色等中性色彩构建室内环境（见图 2-32、图 2-33）。

图 2-32　巴黎万神殿是新古典主义建筑的早期典范　　　　图 2-33　巴黎万神殿室内

2．新古典主义风格室内软装元素

十分注重装饰陈列效果，用具有历史文脉特色的室内陈设品来增强古典气质；家具多采用向下逐渐变细的直线腿，点缀性地采用希腊的精美镶嵌和镀金工艺；座椅上一般装有软垫和软扶手，靠椅多为矩形、卵形和圆形，定点有装饰；功能性在当时的软装设计中颇为重要（见图 2-34、图 2-35、图 2-36）。

图 2-34　典型的新古典主义风格室内装饰

图 2-35　新古典主义风格的家具

图 2-36　整体显得更为轻盈、柔美的家具

2.1.8　西班牙传统风格

西班牙传统风格的室内装饰与文艺复兴式风格类似，既可华丽繁复，也可简约休闲。采用灰泥粉饰墙面，大多数房梁选择外露的方式；铸铁艺术装饰品是这种风格的主要元素，而彩砖、地毯、帷幔和暖色调的其他装饰则起到了软化、柔和的作用。

1．西班牙传统风格室内硬装特点

地面多采用休闲的红砖、具有强烈装饰性的彩色瓷砖或较为粗糙朴实的木片拼接而成；室内采用巴洛克、文艺复兴、洛可可式的木雕作为装饰；华丽的铁艺装饰常结合敲打而成的精美玻璃（见图 2-37、图 2-38）。

图 2-37　典型的西班牙传统风格的建筑

图 2-38　西班牙传统风格精雕细琢的硬装元素

2．西班牙传统风格室内软装特点

家具以深色为主，但样式较为简洁和纯朴，沙发采用配有钉饰的皮革软包；采用深红、金色、绿色和蓝色等色彩浓艳而华丽的帷幔和窗帘。休闲的西班牙传统风格中，通常用百叶窗或者推窗；常见铁艺

或黄铜的华丽烛台、蜡烛吊灯、铁艺窗格、铁艺门栏；室内陈列物多采用西班牙风格的彩绘陶艺（见图
2-39、图 2-40、图 2-41 ）。

图 2-39　西班牙传统风格较为纯朴　　　　图 2-40　典型的西班牙传统风格室内软装陈设

图 2-41　色彩华丽的窗帘装饰

2.2　东方风格

2.2.1　古典中式风格

古典中式风格的主要艺术特点是追求一种修身养性的生活境界，室内多采用对称式的陈设方式，格
调高雅，造型简朴优美，色彩浓重而成熟（见图 2-42 ）。

图 2-42　古典中式风格室内陈设

　　室内软装元素：在陈设品上，包括字画、匾幅、挂屏、盆景、瓷器、古玩、屏风、博古架等；在装饰细节上，崇尚自然情趣，多用花草、鱼虫等艺术元素；工艺上，精雕细琢，富于变化，充分体现出中国传统美学的精神（见图 2-43、图 2-44、图 2-45）。

图 2-43　瓷器　　　　　　　　图 2-44　屏风摆件　　　　　　　图 2-45　古典中式家具

2.2.2　新古典中式风格

　　新古典中式风格作为古典中式风格的延续，虚实结合的隔断让简单的空间有了一种纵深感和一些曲径通幽的禅意，其采用简单的搭配，体现"宁静致远"的最佳氛围（见图 2-46）。

图 2-46　新古典中式风格有一种曲径通幽的禅意氛围

　　室内软装元素：统一、简洁、单纯的色彩是新古典中式风格的首选，结合墙面的留白、家具的陈设，形成虚实变化、隔而不断的效果；选择水波纹灰色瓷砖、深邃的黑洞石、做旧的深灰色橡木、浅灰色的素纹墙纸及灰色拉丝不锈钢等富有质感的现代材料，可以尽显时尚高雅的古典空间韵味；家具选择上贵精不贵多，简单的混合搭配形式是主要手法，只要在满足使用功能的基础上适当运用简单的中式元素装饰手法即可（见图 2-47、图 2-48、图 2-49）。

图 2-47　高雅的古典空间陈设

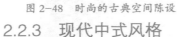
图 2-48 时尚的古典空间陈设

图 2-49 新古典中式装饰物与西方装饰物混搭

2.2.3 现代中式风格

现代中式风格的空间造型多采用简洁硬朗的直线。直线装饰在空间中的使用，不仅反映出现代人追求简单生活的居住要求，更迎合了中式风格追求内敛、质朴的设计风格，使这种风格更加实用，更富现代感，更能被现代人所接受（见图 2-50、图 2-51）。

图 2-50 简洁的现代中式风格

图 2-51 极富现代感的现代中式风格室内陈设

室内软装元素：色彩上，现代中式风格非常讲究空间色彩的层次感；摆设上，无需运用非常多的中式摆件和陈设，适当点缀一些富有东方精神的物品就可达到好的效果（见图 2-52、图 2-53）。

图 2-52　现代中式风格室内摆件

图 2-53　现代中式风格室内摆件

2.2.4　东南亚传统风格

在悠久的文化和宗教的影响下,东南亚的手工艺匠人大量运用土生土长的自然原料,以编织、雕刻和渲染等具有民族特色的加工技法,创作出了这种独特的装饰风格。东南亚的大多数酒店和度假村都运用了这种融入宗教文化元素的风格,因此东南亚传统风格也逐渐演变为休闲和奢侈的象征。许多设计师常用传统的装饰品配上极简主义的功能性家具,打造出一种"禅"意的装饰风格。

1. 东南亚传统风格室内硬装特点

常用东南亚的原始材料如浮末、竹子、编织草、热带硬木、石头等装饰室内。采用具有地方特色的艺术主题,比如热带花草、佛教元素和动物等(见图 2-54、图 2-55)。

图 2-54　原木主题的室内硬装风格　　　　　　　　图 2-55　佛教主题的室内硬装风格

2. 东南亚传统风格室内软装元素

采用金色、黄色、玫红等饱和色彩的布艺软装是东南亚传统风格的特色。手工编织、雕刻工艺在室内大量运用,手编篮、手编托盘、藤编椅的手工制品,营造了自然的感觉;多用柚木、檀木、芒果木等材质的木雕和木刻家具。泰国木雕家具多采用包铜装饰,印度木雕家具多以金箔装饰;精致的刺绣毯能烘托东南亚传统风格的主题特色；昏暗的照明（蜡烛）、线香、流水等，打造出清净的环境（见图2-56至图2-59）。

图 2-56　具有浓烈异域风情的东南亚风格室内软装元素与设计　　　　图 2-57　东南亚传统风格室内配饰

图 2-58　小象装饰　　　　图 2-59　复杂的木雕

2.3　现代风格与后现代风格

2.3.1　现代风格

现代风格起源于20世纪初期的包豪斯学派，伴随着工业革命和科技的进步，家庭装饰也变得更为实用，线条造型更简洁，还运用了许多新颖的材料。现代风格具有造型简洁、无过多的装饰、推崇科学合理的构造工艺、重视发挥材料的性能等特点。

1. 现代风格室内硬装特点

新材质的出现与使用：水泥、钢铁、铝、玻璃等；抽象的轮廓和崭新的效果；极简的直线或曲线，几乎没有任何装饰性雕刻或点缀；多媒体的综合运用（见图2-60、图2-61）。

图 2-60　现代风格强调空间的宽敞性和易于更换性　　　图 2-61　简练的室内陈设

2．现代风格室内软装元素

极简但舒适实用的家具; 简单线条的皮质或布艺沙发; 新型装饰及功能元素: 电灯、照片和家电等(见图 2-62、图 2-63)。

图 2-62　极简的布艺沙发　　　　　图 2-63　现代风格的家具与陈设

2.3.2　后现代风格

后现代风格室内设计是对现代风格室内设计中纯理性主义倾向的批判, 强调室内装潢应具有历史的延续性, 但又不拘泥于传统。

1．后现代风格室内硬装特点

常在室内设置夸张、变形的柱式和断裂拱形, 把古典构建以抽象形式的新手法组合在一起, 以期创造一种融感性与理性, 集传统与现代、糅大众与行家于一体的"亦此亦彼"的室内环境; 强调形态的隐喻、符号和文化、历史的装饰主义，运用了众多隐喻性的视觉符号，强调历史性和文化性；光、影和建筑构件构成的通透空间，成为装饰的重要手段。后现代风格的装饰性为多种风格的融合提供了一个多样化的环境，使不同的风貌并存，以这种共享关系贴近居住者的习惯（见图2-64、图2-65）。

图2-64　后现代风格室内典型建筑

图2-65　后现代风格室内硬装元素

2．后现代风格室内软装元素

后现代风格软装饰融合了多种设计风格，采用不同的工艺品融合于一个多样化的环境，使不同的风貌并存，以这种共享关系贴近居住者的居住习惯；后现代风格的装饰品可以对历史物件采取混合、拼接、分离、简化、结构等综合方法，运用新材料、新的施工方式和结构构造方法来创造，从而形成一种新的形式语言与设计理念（见图2-66、图2-67、图2-68）。

图2-66　金属框架配以玻璃装饰的室内
元素与陈设

图2-67　抽象形式的陈设方法

图2-68　极具个性的装饰

2.4　其他风格

2.4.1　法式田园风格

法式田园风格是由文艺复兴式风格演变而来的，它吸收了路易十四时期的装饰元素，并将其以更为注重舒适度和日常生活的方式表现于普通百姓的家庭设计中。至今，法式田园风格仍然广受推崇。

1．法式田园风格室内硬装特点

自然做旧的效果——这种效果的起源是希望家具设计更具持久性、更为耐用；非常注重舒适度和日常使用性（见图 2-69、图 2-70）。

图 2-69　自然做旧的室内硬装效果　　图 2-70　法式田园风格注重环保和自然

2．法式田园风格室内软装元素

简洁的家具、淡雅的色彩、舒适的布艺沙发均是对法式田园风格的诠释与应用；法式田园风格具有代表性的软装摆设有木制储物橱柜、铁艺收纳篮、装饰餐盘、木制餐桌、靠背餐椅或藤编座垫；淡雅、简洁色调的亚麻布艺是法式田园风格软装必不可少的装饰，木耳边是这些布艺的常用方法。木头雕刻装饰的主要形象：表示丰收、富饶的麦穗、羊角和葡萄藤等；代表肥沃和孕育的贝壳；寓意爱的鸽子及爱心等（见图 2-71、图 2-72、图 2-73）。

图 2-71　优雅的法式田园风格　　图 2-72　淡雅、简洁的法式田园风格　　图 2-73　休闲的法式田园风格

2.4.2 美式田园风格

美式田园风格源于美国乡村生活，与法式田园风格类似，也运用了大量木材，注重简单的生活方式，强调手工元素和温馨的氛围。美式田园风格元素被广泛运用于客厅、餐厅和厨房等家人团聚的场所，以及诸如阳台、门廊等与邻居和亲朋好友闲聊叙旧的地方。

1. 美式田园风格室内硬装特点

美式田园风格注重温馨和舒适度，没有过多的装饰、绚烂的色彩和繁复的线条。所有欧式风格的造型，比如拱门、壁炉、廊柱等，都可以在美式田园风格的硬装造型中出现，所不同的是，这些硬装造型的线条更加简单，体积都要明显缩小（见图2-74、图2-75）。

图2-74 造型简洁的硬装元素与设计　　图2-75 温馨舒适的美式田园风格

2. 美式田园风格室内软装元素

许多美国家庭还会根据季节和假日来变换家里的装饰，色彩方面主要有美国星条旗组合——红、白、蓝色，还有一种以 Betsy Ross 制作的最老的古董星条旗为灵感的做旧色彩组合，以及带有茶色陈旧感的红、白、蓝；标志性圈式有代表南部热情好客的菠萝图案、鸟屋等；大量运用带有温馨情感文字的装饰品；家具装饰等刻意做旧（见图2-76、图2-77）。

图 2-76 室内陈设元素选材天然　　图 2-77 以陈旧感的红色
作为卧室的主色调

2.4.3　地中海风格

地中海风格是在 9 ~ 11 世纪文艺复兴前兴起的地中海地区独特的风格类型。地中海地区虽然国家、民族众多,但是独特的气候特征还是让各国的地中海风格呈现出一些一致的特点。这一地区的室内装饰风格以其极具亲和力的田园风情及柔和的色调组合被广泛地运用到现代设计中。

1.地中海风格室内硬装特点

白灰泥墙、连续的拱廊与拱门、陶砖、海蓝色的屋瓦和门窗,都是地中海风格的特色;历史悠久的古建筑造型、奔放的成片花田色彩、土黄色与红褐色交织而成的具有强烈民族性的色彩;地面多铺赤陶和石板,马赛克也是地中海风格中较为华丽的装饰(见图 2-78、图 2-79、图 2-80)。

图 2-78　以低纯度和低色度　　　图 2-79　以蓝、白相间的色调为主色调　　　图 2-80　以白灰泥墙为主色调
　　　　　打造的地中海风格

2.地中海风格室内软装元素

布艺尽量采用低彩度的棉织品,家具为线条简单且修边浑圆的实木家具;在室内布艺中,窗帘、壁毯、桌巾、沙发套、灯罩等以素雅的小细花、条纹格子图案为主;独特的锻打铁艺家具也是地中海风格独特的美学产物;家居室内绿化,多为薰衣草、玫瑰、茉莉、爬藤类植物,小巧可爱的绿色盆栽也常见;利用小石子、瓷砖、贝类、玻璃片、玻璃珠等素材,将其切割后再进行创意组合,制成各种装饰物(见图 2-81、图2-82)。

图 2-81　典型的地中海搭配风格　　　图 2-82　以低彩度布艺为
　　　　　　　　　　　　　　　　　　　　　　　主色调

2.4.4　混搭风格

近年来，科技的进步和财富的增长彻底改变了人们的生活方式，人们的思维方式和审美眼光也在发生着变化，不再拘泥于一种风格，而尝试着从各种风格中吸取自己喜爱的元素，再按照个人风格将它们融合起来。这不仅模糊了风格间的界限，也创造了各种独一无二、别出心裁的混搭风格。

1. 混搭风格室内硬装特点

经典而充满艺术感的室内设计既趋向现代、实用，又吸取传统特征，在陈设中融汇古今。总体上，混搭风格虽然在设计中不拘一格，但并不能毫无章法、胡乱搭配。设计师要匠心独具地运用多种方式，深入推敲形体、色彩、材质等方面的统一和构图的视觉效果。

2. 混搭风格室内软装元素

传统的屏风、摆设、茶几与现代风格的墙面及门窗装饰、新型沙发搭配；具有统一元素的欧式古典琉璃灯与东方传统家具搭配，还搭配了在世界各地旅游时收集来的小饰品和纪念品（见图2-83、图2-84、图2-85）。

图 2-83　古典造型配以现代感的　　　　图 2-84　传统与现代装饰相互辉映　　　　图 2-85　中西合璧，传统
　　　　　　图案　　　　　　　　　　　　　　　　　　　　　　　　　　　　　　　　与现代相结合

课后作业

在了解了几种基本软装设计风格的基础上，收集各种风格的软装陈列图片资料并进行归类划分，以PPT的形式制作出图册集以及风格流派解析。

第 3 章

软装设计之色彩搭配

3.1 色彩基础

色彩作为一个奇妙的东西，通过色相、纯度、色调、对比等手段表达人们的情感和联想，影响人们的心理和生理反应，甚至影响人们对事物的客观理解和看法。软装设计师作为美好事物的创造者和居室设计的情感表现者，学习色彩的搭配是做好软装设计的基本功。可以说色彩是软装设计的精髓与灵魂，能否准确把握色彩搭配方法决定着作品的成功与否。

1. 色彩语言

色彩不仅使人产生冷暖、轻重、远近、明暗的感觉，而且会引起人们的诸多联想。色彩分为无彩色与有彩色两大类。无彩色指无单色光，即黑、白、灰；有彩色指有单色光，即赤、橙、黄、绿、蓝、靛、紫。这些基本色通过色相、明度、纯度的变化，可以配比出成千上万的色彩，给人带来不同的视觉感受和心理感受。

2. 色彩属性

（1）色彩三属性：色相、明度、纯度。

（2）色相：色相是指色彩的相貌，是颜色的种类名称。因为色彩是不同光波给人带来的不同感受，色彩的种类随着光波的变化而变化，所以色相可以是无穷多的。色相由冷暖来具体定义。

（3）明度：明度是色彩的明亮程度，表达在室内空间陈设上即为物体的亮度和深浅程度。白色物体反射率最高，所以明度就最高，黑色物体则反之。室内的色彩明度要有变化，才能产生丰富的视觉效果。

（4）纯度：纯度是指色彩的纯净度，也称"饱和度"，比如地中海风格和东南亚风格中经常说到的高饱和度色彩。纯度高的色彩可以给人华丽的感觉，而纯度低的色彩则给人朴素的印象。纯度对色彩性质的改变作用最为明显，任何一种鲜明的颜色，只要纯度稍微降低，色相就会有质的变化。在实际的配色过程中，色彩中不断混入白色，该色相的明度就会越来越高，而纯度越来越低；而如果色彩中不断混入黑色，它的纯度和明度就会同时下降（见图3-1）。

图 3-1　黑色不断混入，色相的纯度降低，明度下降

3. 色彩对比

色彩对比大多是从色相层面来说的，依据色相环上各色之间的间距，可以判断出目标色的同类色、邻近色、类似色、中差色、对比色和互补色之间的关系，见下表。

色彩对比表

对比类型	强度	在环上的距离	对比属性	对比语言
同类色	弱	相距 15° 的对比	同一色相、不同明度的对比	内敛、朴素
邻近色	弱	相距 30° 的对比	邻近色相对比	亲和、典雅
类似色	弱	相距 30° ~60° 的对比	类似色相对比	和谐、雅致
对比色	强	相距 120° 以上的对比	效果比较强的对比	浓烈、兴奋
互补色	强	相距 180° 的对比	效果最强的对比	不稳定、刺激

在色盘中，最冷的颜色是蓝色，最暖的颜色是橙色，也就是说这两个互补色是冷暖色的两极。暖色给人的印象是生动的、有激情的、有表现力的，给人感觉在空间位置中靠前；冷色给人的印象是谨慎的、冷静的，容易让人产生平静感，给人感觉在空间位置中靠后（见图 3-2）。

一般把黑色、白色和灰色等无色系视为中立，其没有冷暖感；但在实际运用中，受到其他搭配色彩的影响，黑、白、灰等色彩也会表现出一定的冷暖感。色彩中的彩色系冷暖感觉非常突出，而无色系的色彩冷暖感就不是很突出。

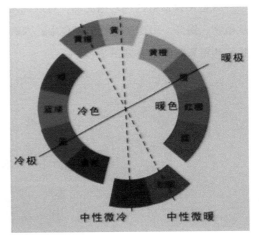

图 3-2　色彩的冷暖对比

3.2　色彩搭配宝典

软装的色彩设计中没有好或不好的色彩，只有搭配得好与不好。可见，学习搭配的方法很重要。

3.2.1　色彩搭配的黄金方式

1. 善用黄金比例

黄金比例同样适用于室内色彩的搭配中。在居室内的色彩构成中，建议一定不要超过 3 个色彩的框架，而这 3 个框架要按照 60 : 30 : 10 的原则进行色彩比重分配，也就是主色彩、次要色彩和点缀色彩的比例应为 60 : 30 : 10。比如室内空间，墙壁用 60% 的比例，家具、床品、窗帘就占 30%，那么 10% 就是小的饰品和艺术品。点缀色虽然是占比最少的色彩，但往往起到最重要的强调作用，这个法则是黄金法则，在任何时间、任何地方都可以使用（见图 3-3、图 3-4、图 3-5）。

图 3-3　空间以墙壁的大面积紫色为主　　图 3-4　以少量红色与绿色点缀空间　　图 3-5　以中性色为室内的主色彩

2. 听从自然的教导

　　大自然是最好的色彩搭配师，可以说人类最顶尖的配色设计师也没有大自然的鬼斧神工来得绝色。从植物、海洋、山峦及动物的颜色中，大家学习到的色彩搭配可以是无穷的。一定要记住，大自然才是超级的色彩搭配师（见图3-6）。

图 3-6　自然景观中的色彩搭配是无穷尽的

3. 向世界大牌借鉴色彩

世界上的国际大牌几乎都拥有自己的顶尖配色研究团队，他们甚至引领着当季的世界时尚色彩流行趋势，只要去细细品味这些色彩的细节和配色的方式，就更容易设计出符合潮流的配色作品（见图3-7）。

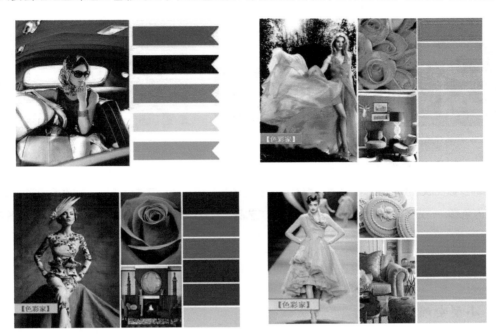

图 3-7　世界大牌的色彩搭配更符合潮流和趋势

4. 从儿童画和世界名作中学习色彩

幼儿也可以成为老师。幼儿初学绘画时，对色彩的选择基本是出于本能。天真烂漫的幼儿心理并没有被世俗浸染，当他们把红、黄、绿、紫等各种色块自由组合后，往往能创造出绚烂的、令人喜悦的效果，这是很多成年人所不能比的（见图3-8、图3-9）。

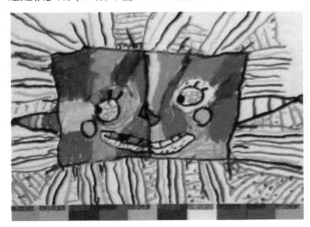

图 3-8　画作中运用了多种对比手法，但对于小孩来说完全是本能的结果

图 3-9　画面色调大胆、冷静

图 3-10 俄罗斯的刺绣色彩艳丽　　　　　　　　　图 3-11　青花元素的运用

5. 从民族工艺中学习色彩

我国的少数民族及其他国家、民族，都有属于自己的独特的色彩语言表达方式。如果希望搭配出当地有特色的室内色彩，一定不要忘记多借鉴这些民族的工艺品，这是快速掌握设计风格的不二法门（见图 3-10、图 3-11）。

3.2.2　功能空间色彩搭配技巧

1. 小型空间的装饰色

清爽、淡雅的墙面色彩运用得巧妙，可以让小空间看上去更大；鲜艳、强烈的色彩用于个别点缀，会增加整体的活力和趣味；还可以用深浅不同的同类色做叠加，以增加整体空间的层次感，让其看上去更宽敞而不单调（见图 3-12、图 3-13、图 3-14）。

图 3-12 同类色叠加以增加空间层次　　　图 3-13　淡雅的色彩使空间　　　图 3-14　强烈的点缀色使空间
　　　　　　　　　　　　　　　　　　　　　　　　　显得更宽敞　　　　　　　　　　　显得丰富

2. 大型空间的装饰色

暖色和深色可以让大空间显得温暖、舒适。强烈、显眼的点缀色适用于大空间的装饰墙，用以制造视觉焦点，比如独特的墙纸或者手绘。尽量避免让同色的装饰物分散在屋内的各个角落，这样会使大空间显得更加扩散，缺乏中心；把近似色的装饰物集中陈设便会让室内空间有聚集的效果（见图 3-15）。

（a）

（b）

图 3-15　焦点的装饰才会使大空间有视觉中心

3. 从天花板到地面纵观整体

要让空间看上去协调，就必须协调从天花板到地板的整体色彩。最简单的做法就是给色彩分重量，暗色最重，用在靠下的部位，浅色最轻，适合天花板，中度的色彩则可贯穿其间。如果把天花板刷成深色或是与墙壁相同的颜色，就会让整个空间看上去较小、较温馨；相反，浅色可以扩大空间，让天花板看上去更高一些（见图 3-16、图 3-17）。

图 3-16　从天花板到地面，浅色　　　图 3-17　深色天花板的处理使空间产
　　　使空间显得更大　　　　　　　　　　　生亲和的效果

35

4. 色彩支配统一性

在做室内设计的时候，最好是寻找一个比较突出的色彩，哪怕是一个点缀色，其他的色彩围绕这个色彩展开。比如说选择了花卉的颜色，窗帘、画品、饰品、布艺等都采用与之统一的色调，整个空间就显得比较协调（见图3-18）。

图 3-18　色彩统一让整个空间协调

5. 三色搭配最稳固

在设计和方案实施的过程中，空间配色最好不要超过3种色彩，当然白色、黑色可以不算色彩。同一空间要尽量使用同一配色方案，形成系统化的空间感觉（见图3-19、图3-20）。

图 3-19　蓝色作为空间主色调，而红　　　　　　图 3-20　大面积的白色搭配红黄蓝三原色
　　　　　色、咖色作为点缀色

6. 空间配色的次序很重要

空间配色方案要遵循一定的顺序：硬装—家具—灯具—窗艺—地毯—床品和靠垫—花艺—饰品（见图3-21）。

7. 善用中性色

黑、白、灰、金、银 5 个中性色主要用于调和色彩搭配，突出其他颜色。它们给人的感觉很轻松，可以避免疲劳，其中金、银色是可以陪衬任何颜色的百搭色，当然，金色不含黄色，银色不含灰白色（见图 3-22）。

图 3-21　不同陈列元素之间按照顺序摆放可
让空间更协调

图 3-22　以中性色协调空间

3.3　主题色彩配饰方法

1. 路易十四式风格主题色彩

路易十四式风格崇尚鲜艳的红色、紫罗兰色、绿色和金色。法国著名室内设计师雅克·加西亚（Jacques Garcla）的作品（见图 3-23），整个房间巧妙地结合了浓烈的红色背景墙、镀金相框、路易十四式风格的元素和线条简洁干净的沙发、扶手椅等家具，不像传统路易十四式风格那般装饰繁复，既古典又雅致（见图 3-24）。

图 3-23　法国著名室内设计师 Jacques Garcla 的作品　　图 3-24　路易十四式风格的装饰繁复、古典、雅致

2. 西班牙传统风格主题色彩

西班牙传统风格的装饰以温暖浓郁的红色、金色、绿色和蓝色为主要装饰色彩，墙面多采用灰泥或陶土色进行粉饰。而殖民时期的装饰色彩以翠蓝色、樱桃红色、草绿色、奶油色、蜂蜜黄色或奶白色为主，色彩注重混合效果，且与墙面的白色和木材的深色协调平衡（见图3-25）。

图3-25　西班牙风格的色彩大多体现原木的厚重感，色彩古朴，带有贵族气质

3. 东南亚传统风格主题色彩

以深浅不同的棕色、褐色、深红色和绿色为主，一般取色于自然色，且色彩饱和度高，尤其侧重于深色。东南亚风格的色彩多通过布艺软装来体现，硬装还是偏向于原始且朴素的色彩。广泛地运用木材和其他的天然原材料，如藤条、竹子、石材、青铜和黄铜；深木色的家具，局部采用一些金色的壁纸、丝绸质感的布料（见图3-26）。

图3-26　东南亚风格多采用天然原木色与带有宗教色彩的金色、紫色搭配

4. 现代风格主题色彩

由黑、白、灰和元（玄）色组合搭配，整体风格简洁、纯粹，但是让人深感冰冷，可以点缀暖色饰品予以调和。现代风格的色彩设计通过强调原色之间的对比协调来追求一种具有普遍意义的永恒的艺术主题。装饰画、织物的选择对于整体色彩效果也起到点明主题的作用（见图3-27）。

图 3-27　现代风格的色彩以黑、白、灰为主，点缀纯色，突出个性

5.　法式田园风格主题色彩

　　法式田园风格多采用淡雅自然的颜色组合，例如，米白色、奶油色、米黄色、淡棕色、淡蓝色、水粉色、灰色等低纯度的色彩，营造出休闲、宁静和高贵的法式风情（见图 3-28）。

图 3-28　淡雅的自然色彩体现了优雅、浓郁的生活气息

6.　美式田园风格主题色彩

　　美式田园风格多采用层叠刷漆的方式，呈现出多层次的色彩。这种方式源于美国乡村的谷仓需要经常油漆以保持木头表面的湿润。随着时间的流逝，有的油漆逐渐脱落，裸露出之前每层油漆不同的色彩（见图 3-29 和图 3-30）。

图 3-29　纯朴的多层次色彩表现了悠闲的生活情趣　　　　　图 3-30　舒畅、自然的色彩

7. 地中海风格主题色彩

地中海风格的最大魅力来自其高饱和度的自然色彩组合，但是由于地中海地区国家众多，故呈现出很多种特色，比如西班牙以蔚蓝色与白色为主；希腊以碧蓝色和白色为主；南意大利以金黄色的向日葵花色为主；法国南部以薰衣草的蓝紫色为主；北非以沙漠及岩石的红褐、土黄色组合为主。但不管是哪个地域，都是在表达地中海风格中"海"与"天"的极致美（见图 3-31、图 3-32、图 3-33）。

图 3-31　色彩强烈的北欧地中海风格　　　图 3-32　以蓝、白色为主的希腊　　　图 3-33　色彩明快的南意大利
　　　　　　　　　　　　　　　　　　　　　　　地中海风格　　　　　　　　　　　　地中海风格

8. 英式风格主题色彩

英式风格主要体现了其贵族气质，高贵大气，所以更多是深色以及稳重的色彩，软装以欧式大花纹及素雅的格子图案为主。英式乡村风格注重木质的厚重感，色彩也比较素雅（见图 3-34）。

图3-34　稳重的色彩营造了古典美观、雅致柔美、简洁浑厚的空间氛围

9. 中式风格主题色彩

中式风格的色彩需要按照古典中式、新古典中式、现代中式来分别进行阐述，虽然同为中式风格，但是其表现手法却是截然不同的。

（1）古典中式风格

以黑、青、红、紫、金、蓝等纯度高的色彩为主，其中寓意吉祥、雍容华贵的红色更具有代表性（见图3-35）。

图3-35　红与黑是经典的古典中式的色彩搭配

（2）新古典中式风格

在古典中式的基础上与现代风格相结合，中式构件造型和材质按照古典中式构件来做，与古典中式比较明显的区别是家具的摆放以舒适为主（见图3-36）。

图 3-36　色彩纯度降低，更加简洁、明亮

（3）现代中式风格

多以深色木墙板搭配同色系浅色新中式家具为主要配色方式（见图 3-37）。

图 3-37　简练的色彩让古典元素更大气、时尚

3.4　色彩搭配禁忌

1．红色不宜长时间作为空间的主色调

居室内红色过多，会让眼睛的负担过重（见图 3-38）。要想达到喜庆的目的，只要用窗帘、床品、靠垫等小物件做点缀即可。

2．橙色不宜用来装饰卧室

生机勃勃、充满活力的橙色会影响睡眠质量；将橙色用在客厅会营造欢快的气氛，用在餐厅能诱发食欲（见图 3-39）。

图 3-38　大面积的红色易使人产生疲劳　　图 3-39　客厅中运用橙色营造了欢愉的气氛

3. 黄色不宜在书房中使用

长时间接触高纯度的黄色，会让人有一种慵懒的感觉；在客厅与餐厅中适量点缀一些就好（见图 3-40）。

4. 紫色不宜大面积使用在居室或孩子的房间中

局部使用紫色可以显出贵气和典雅，但大面积使用，会使身在其中的人有一种无奈的感觉（见图 3-41）。

图 3-40　大面积的黄色易使人困乏　　图 3-41　大面积的紫色会让人产生忧郁
的情绪

5. 蓝色不宜大面积使用在餐厅、厨房和卧室

蓝色会让人没有食欲（见图 3-42）、感觉寒冷并不易入眠；蓝色作为点缀色起到调节作用即可。

6. 咖啡色不宜装饰在餐厅和儿童房

咖啡色含蓄、暗沉，会使餐厅显得沉闷而忧郁，影响进餐质量（见图 3-43）。咖啡色最不能搭配的是黑色。白色、灰色或米色作为配色可以使咖啡色发挥出特别的光彩。

图 3-42　蓝色调的餐厅会让人减少食欲　　　图 3-43　大面积的咖色使空间沉闷

7. 粉红色不宜大面积使用在卧室

粉色容易给人带来烦躁的情绪（见图 3-44），尤其是浓重的粉红色会让人的精神处于亢奋状态，产生莫名其妙的心火。如果将粉红色作为点缀，或将颜色的浓度稀释，淡淡的粉红色墙壁或壁纸能让房间转为温馨。

8. 金色不宜用来做装饰房间的唯一用色

大面积的金光对人的视线伤害最大，并使人的神经高度紧张，还容易给人浮夸的印象（见图 3-45）；金色作为线、点的勾勒能够创造富丽的效果。

图 3-44　高浓度的粉色易使人烦躁　　　图 3-45　大面积的金色过于浮夸

9. 黑色忌大面积运用在居室内

黑色是最沉寂的色彩，客易使人产生消极的心理（见图 4-46）；它与大面积的白色搭配才是永恒的经典，在饰品上使用纯度较高的红色点缀，会显得神秘而高贵。

10. 黑白等比配色不宜使用在室内

　　长时间在这种环境里会使人眼花缭乱，紧张、烦躁，无所适从；以白色作为大面积主色有利于产生好的视觉感受（见图3-47）。

图3-46　大面积的黑色易使人产生忧郁心理　　　　图3-47　白色为主，黑色点缀，舒适和谐

课后作业

　　以各种风格流派的主题色彩为标准，将收集的软装风格美图整理成文档形式。同时，通过色彩语言的表达形式完成至少两组色彩搭配小品。

第4章
软装设计之家具与灯具

4.1 家具

家具作为人们生活、工作必不可缺少的用具，既要满足人们生活的使用需要，又能体现出一定的审美品位。在软装设计中，家具的地位至关重要，一个作品的风格基本上是由家具主导的。

4.1.1 风格分类

1. 巴洛克式家具——雄浑壮美

（1）辨别特点：巴洛克式家具的样式多雄浑厚重，在运用直线的同时也强调线形流动变化的特点，用曲面、波折、流动、穿插等灵活多变的夸张强调手法来创造特殊的艺术效果，以呈现神秘的宗教气氛和有浮动幻觉的美感。这种样式具有过多的装饰和华美的效果，色彩华丽且用金色予以协调，构成室内庄重豪华的气氛（见图4-1）。

图4-1 繁复的金色雕花是巴洛克风格家具的代表

（2）适合人群：巴洛克式家具利用多变的曲面，采用花样繁多的装饰，做大面积的雕刻、金箔贴面、描金涂漆处理；坐卧类家具则大量运用布料包覆，这决定了它高档甚至是奢侈的市场定位。巴洛克式家具比较适合高档酒店的大厅、别墅、高档公寓等，面向的消费群体属于高消费人群。

2. 洛可可式家具——细腻柔美

（1）辨别特点：洛可可式家具的色彩较为柔和，米黄、白色是其主色。常常采用不对称的手法，喜欢用弧线和S形线，尤其爱用贝壳、漩涡、山石作为装饰题材，卷草舒花，缠绵盘曲，连成一体（见图4-2）。

图 4-2　运用多个 S 形线组合的一种华丽雕琢、纤巧繁琐的艺术样式

（2）适合人群：洛可可式家具以曲线纹饰蜿蜒反复，创造出一种非对称的、富有动感的、自由奔放而又纤巧精美、华丽繁复的装饰样式，深受成功女士的喜爱。

3. 美式家具——简明优雅

（1）辨别特点：以桃花心木、樱桃木、枫木及松木为主制作，家具表面精心涂饰和雕刻，风格精致而大气。涂饰上往往采取做旧处理，即在油漆几遍后，用锐器在家具表面上敲出坑坑点点，再在上面进行涂饰。现代美式家具则更注重功能性和实用性（见图 4-3）。

图 4-3　木质框架配合家具，给人舒适、柔性、温馨的感觉

（2）适合人群：美式家具的迷人之处在于良好的木质造型、雕饰纹路和细腻高贵的色调，传达了单纯、休闲、有组织、多功能的设计思想，让家庭成为释放压力和解放心灵的净土，深受高素质成功人士喜爱。

4. 现代北欧家具——简洁亲切

（1）辨别特点：现代北欧家具充分融合斯堪的纳维亚人对周围事物的一种暖人心脾的"亲切感"，考虑产品的构造、材料的选择、功能的表现。此类家具产品不刻意追求革新，而是平稳协调地发展，不走极端。北欧风格总是给人以简洁、无瑕的感觉，透出现代、简约的时尚感。

（2）适合人群：北欧的斯堪的纳维亚设计，是北欧历史长期孕育的产物，深深地根植于北欧的自然地理、民族、文化、语言以及社会体制。它的人性化、独创性、生态性、科学性、工业化，符合现代年轻人对简约、时尚的追求（见图 4-4）。

图 4-4　北欧简约风

5. 地中海家具——浪漫多姿

（1）辨别特点：地中海风格的基础是明亮、大胆、色彩丰富，绚丽多姿的色彩融汇在一起。地中海家具以其极具亲和力的田园风情、柔和的全饱和色调及组合搭配上的大气，在全世界掀起一阵地中海旋风（见图 4-5）。

图 4-5　清新浪漫的地中海风格家具

（2）适合人群：地中海风格的最大魅力，来自其纯美的色彩组合。色彩元素的巧妙组合可以给人带来舒适的视觉感受，同时又给人以休闲、浪漫、自由的感觉，符合追求高品质、浪漫生活的小资情调。

6. 中式家具——高贵且具有收藏价值

（1）辨别特点：中式家具主要分为明式家具和清式家具。明式家具主要看线条和柔美的感觉，清式家具主要看做工。无论是明式还是清式，都讲究左右对称以及与室内环境的和谐搭配，并且非常具有收藏、养生及象征意义。传统意义上的中式家具取材非常讲究，一般以硬木为材质，如鸡翅木、海南黄花梨、紫檀、非洲酸枝、沉香木等珍稀名贵木材，此类中式家具成本高，价格昂贵（见图 4-6）。

图 4-6　造型优雅、质地精良、结构考究、工艺精湛的中式家具让人得到艺术的熏陶和美的享受

（2）适合人群：中式家具气势恢宏、壮丽华贵、高空间、大进深、雕梁画栋、金碧辉煌，造型讲究对称，色彩讲究对比，装饰材料以木材为主，图案多为龙、凤、龟、狮等，精雕细琢、瑰丽奇巧，集艺术、养生、收藏价值于一身，适合具有经济条件和文化内涵的学者及中老年人群。

7. 现代亚洲家具——浓郁的地域自然色

（1）辨别特点：现代亚洲家具将崇尚极简的日式、风情万种的东南亚式、雍容而内敛的中式有机结合起来，集亚洲传统与现代文化之大成。其家具中可寻觅到日式榻榻米似的简约舒适，可寻觅到东南亚式轻纱曼舞的柔美，亦可发掘出中式稳重、大方的浩然（见图 4-7、图 4-8）。

图 4-7　中式与东南亚式相结合的家具陈设　　　　图 4-8　集亚洲家具风格之大成的家具

（2）适合人群：现代亚洲风格代表了一种混搭风格，以浓郁的亚洲区域文化为支撑。日式造型极简、东南亚式色彩浓烈、中式雍容而内敛，古典与时尚兼具，艺术与实用完美并存，根据人体力学和家具功能学，充分挖掘人类对家居环境的身心需求。这一风格深受高级星级酒店和会所的喜爱，也适用于顶级豪宅的定制。

8. 现代意大利家具——低调奢华

（1）辨别特点：从 20 世纪 60 年代开始，先进的成型技术使意大利家具设计创造出了一种更富个性和表现力的风格。家具采用庄重而艳丽的色彩展示了新的风格，做工精良完美（见图 4-9）。

图 4-9　现代意式风格简约而不失时尚，低调而不失华贵

（2）适合人群：意大利这些本土化的现代产品设计更具原创力和想象力，意大利的家具让世人真切感受到创意的惊喜，不知不觉间，生活被赋予了不同的定义。适合所有向往高端生活享受的人群。

4.1.2　不同居室空间的家具陈设

家具的实用性最重要，它直接决定了人们能否生活得舒适自在。精挑细选的家具、慎重考虑过的摆放位置和方式能提高居住者的生活品质，相反，不科学的设计会在很大程度上限制人们的生活方式。

1. 玄关

玄关是整个空间风格的起点，实用性和设计感同样重要。玄关一般需要承接人们的进出往来，许多人还会在这里换鞋、穿外套和最后确认妆容，因此玄关柜、玄关桌或长凳一般是玄关的首选家具，再配合鲜花、简洁实用的桌摆和可调节明暗的台灯，便能轻松打造出舒心的氛围。

（1）边桌

半圆形的桌面配上精致的桌腿，这种玄关桌经典而怀旧。虽然没有储物空间，但它平滑圆润的造型便于人们通行，不会产生磕碰，适合较窄的通道和玄关（见图 4-10）。

（2）开放置物架式边桌

纤细型的玄关桌，不占空间，加入储物篮可以充分利用空间（见图 4-11）。

图 4-10　边桌　　　图 4-11　开放置物
架式边桌

（3）长凳

一般用于脱换衣鞋、摆放通勤包，可以通过在上方增加挂钩或在凳下添置储物篮的方式来增加实用性（见图 4-12）。

图 4-12　长凳

（4）封闭式玄关柜

有充足的储物空间，但是因为体积庞大，适用于较大的空间（见图4-13）。

（5）抽屉式玄关桌

较为狭窄，不会占用通道，又有适量的储物空间可以摆放钥匙、信件和狗链等（见图4-14）。

图4-13 封闭式玄关柜　　　图4-14 抽屉式玄关桌

（6）斗柜

图4-15 斗柜

大型的斗柜不太适合狭小的玄关，但是足量的储物空间不仅可以存放日用品，还可以收纳一些换季的必需却不常用的东西。桌面配上两盏台灯，立刻就有了家的温馨（见图4-15）。

小贴士：

在空间允许的情况下，除了大件家具之外，玄关处还可添置一些小家具以配合整体风格并增加实用性，比如放一张别致的布艺沙发来换鞋，添一个衣帽架挂一些常用的衣物；还有显眼的装饰镜和台灯，不仅方便整理妆容，也可制造极强的视觉焦点。选择大件玄关家具的时候需注意，虽然玄关桌、柜的长度可根据空间的大小调节，但一般高度都要保持在70~80厘米，而深度则以35厘米为最佳。

2. 客厅

客厅既可以是亲朋好友畅谈团聚的地方，也可以是独自看电视、阅读的地方，因此给客厅选家具的时候最重要的是先考虑这个空间的主要用途。如果业主喜欢安静地阅读，那么舒适的贵妃椅或者单人沙发再配一个小书架和阅读灯为最佳选择；如果业主喜欢看电视，那么客厅的主题就要围绕电视墙展开。选家具前要

图4-16 沙发作为客厅的主要家具必不可少

严谨地考虑一下整体平面结构图的规划，这样可以为后续工作节省大量时间和精力（见图4-16）。

（1）客厅类型划分

①娱乐型客厅。将沙发放置在面对阳台的位置，再配上一张平铺的沙发床，让窗外的景色变得一览无遗，这种结构方便进出阳台，适合交谈闲聊，大大的沙发床也为集体聚会提供了充足的座位，非常适合热爱派对、经常举办娱乐活动的家庭（见图4-17）。

②家庭型温馨客厅。整体布局非常温馨舒适，适合家人团聚聊天。对称和相对封闭的结构看上去完

整有序，也表明了这是个希望增进家人之间互相了解的客厅（见图 4-18）。

③以电视为主的客厅。沙发直接面对电视，大坐垫、靠枕随意地散落在地上。这种休闲的布局非常适合喜欢长时间看电视的家庭，如果家里的小孩或大人喜欢席地而坐，这些散落的坐垫会让人觉得十分温馨、舒适（见图 4-19）。

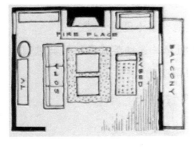
图 4-17　娱乐型客厅

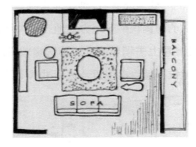
图 4-18　家庭型温馨客厅

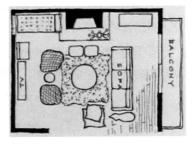
图 4-19　以电视为主的客厅

（2）经典家具推荐

①French Settee 小沙发。常见于法国路易十四式风格的客厅，设计精巧、正式而富有立体感，刻意露出的曲线形木制框架与其他全软包的沙发形成了鲜明的对比（见图 4-20）。

②Slipper 沙发。Slipper 的特点在于没有扶手，软包部分紧致贴合，看上去线条流畅、轻便现代。长时间坐靠不如其他沙发舒适，但非常适合小型空间（见图 4-21）。

图 4-20　French Settee 小沙发

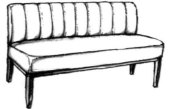
图 4-21　Slipper 沙发

③Chesterfield 沙发。源于 19 世纪英国的设计，拥有紧致的裁剪压线、高大的靠背、向外卷曲的扶手和钉结细节。皮质的 Chesterfield 粗犷豪放，光亮羊毛的款式非常符合新古典主义，而亚麻质地更显精致优雅。但是无论用什么面料，选择纯色无花的款式可以保持其原汁原味（见图 4-22）。

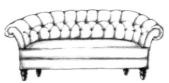
图 4-22　Chesterfield 沙发

④Slipper 沙发。19 世纪 70 年代的休闲设计，非常适合敞开式的 loft 房屋设计，几乎无需增添其他沙发或座椅；底部封闭式的设计略带稳重，而带沙发脚的设计更轻便简约（见图 4-23）。

图 4-23　Slipper 沙发

⑤Camelback 沙发。源于 18 世纪英国设计师 Thomas Chippendale，这种设计具有 Old World 的纯粹与精致，以纯色亚麻为面料，显得摩登现代，还可以改为可拆洗的座套，以方便现代家庭（见图 4-24）。

图 4-24　Camelback 沙发图

⑥ Tuxedo 沙发。装饰设计大师 Billy Baldwin 的经典之作，完全不用褶皱的设计却依然散发着奢华感；扶手和靠背完全相同的高度，给人一种强势粗犷的感觉。无论是现代风格还是古典风格，Tuxedo 沙发都可以很好地搭配（见图 4-25）。

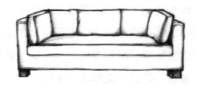

图 4-25　Tuxedo 沙发

⑦ Knole 沙发。以亨利八世国王的一处宅邸命名，造型非常经典，让人有温馨和备受呵护的感觉。系住的两侧扶手可以方便地、让人舒适地平躺（见图 4-26）。

⑧ English Three Seatear 沙发。看上去稍显凌乱，却透露着贵族气息，这种英式乡村经典款有柔软舒适的坐垫和较低的扶手，慵懒地依靠着看电视再合适不过了（见图 4-27）。

图 4-26　Knole 沙发　　　　图 4-27　English Three Seatear 沙发

小贴士：

　　茶几同样是客厅不可或缺的角色，既实用又有一定的装饰作用。高度在 45 厘米左右，矮一点儿显得更加现代，长度则根据空间大小而定，最简单的判断方法就是达到二人沙发的 1/2~2/3 的长度。这样无论在沙发的什么位置都能够触到茶几。摆放位置应该离沙发 45 厘米左右，给腿留下足够的伸展空间，但又在可能的范围内。从形状上讲，方形的为其他装饰物提供了一个整洁有序的场景，而圆形的看上去清爽、圆润，能柔化家具的硬线条，再配合地毯、窗帘、灯光，便可以帮助划分集中区域，营造不同的氛围，使客厅空间看上去更完整到位。

3．餐厅

餐厅是享受美食、畅所欲言的地方，不论是颜色还是布置都应该让人觉得放松、愉悦。如需较多的储物空间，就要求餐边柜功能齐全，既可以储藏餐具、桌布、餐巾，还可以在聚餐时做临时操作台。大部分餐桌为 75 厘米左右的高度。应该根据不同的平面结构和功能需求来决定桌面的形状，比如相对于方形餐桌，圆形餐桌更适合聚会（见图 4-28）。

图 4-28　餐厅是我们亲密接触的生活环境，是提高生活品位的必然选择

经典家具推荐如下。

（1）Pedestal 餐桌

出现于罗马国时期，在 18 世纪又重新在英国流行。因为没有桌脚，就座时不易碰撞，非常方便。可以做成折叠或者加板的形式，人多时可以展开，增加空间（见图 4-29）。

（2）Swedish 餐桌

设计灵感来源于 18 世纪的法式新古典主义风格，这种设计看上去灵巧而休闲，简单的油漆使整体看上去随意、毫不做作（见图 4-30）。

图 4-29 Pedestal 餐桌   图 4-30 Swedish 餐桌

（3）古典主义餐桌

精致、传统，非常适合代代相传，常以桃花心木和樱桃木为主材，配有伸缩功能。如果想让整体效果看上去随意休闲，可混搭一些其他风格餐椅。

（4）Farmhouse 餐桌

18 世纪非常流行，通常用作厨房的操作台，带着慵懒的乡村闲情，与现代风格的餐椅很搭。

（5）Tresile 餐桌

这种经久耐用的款式起源于中世纪。通常用较粗糙的原木制造，随着常年使用的打磨，表面木质会越发的迷人，但是坐在两头就餐会稍有不便（见图 4-31）。

（6）Rustic Modern 风格餐桌

看上去像由粗糙的木头拼接而成，带有质

图 4-31 Tresile   图 4-32 Rustic Modern
　　　餐桌　　　　　　　　风格餐桌

朴、简陋和粗犷的感觉，但正是这种淳朴的本质让极简主义的设计更显温暖，搭配任何款式的餐椅都毫不逊色（见图 4-32）。

> **小贴士：**
>
> 　　一般大一点儿的餐厅都会配一个餐边柜，可以让整个空间看上去更充实，在形状和材质上，餐边柜还会与餐桌、餐椅形成平衡感。一般来说，餐边柜是封闭式的，但如果你还希望展示瓷器和水晶杯之类的收藏，那么不妨选择敞开式或是带玻璃的封闭式餐边柜，因为这样比较通透，除能展示收藏外，还能平衡带有桌布的餐桌和全软包的餐椅。在餐桌、餐椅和餐边柜等众多家具聚集的地方，家纺布艺就显得极为重要了，搭配和谐的窗帘、软包和桌布能让整体装饰显得更加温馨。

4. 厨房

橱柜决定了厨房的整体感觉，然而操作台和周边墙面的选择则能体现使用者的喜好和个性。材质的选择要契合使用者的生活方式并容易打理与保养，例如，洗碗池和地面。另外，烹饪的地方需要加强光照明。

让厨房有别于其他房间的重要元素就是整套的橱柜。地柜一般高 88 厘米，深 61 厘米左右，既可以是柜式的也可以是抽屉式的。顶柜虽然高度多样，但深度一般都在 30 厘米左右，且悬挂在高于操作台 40~45 厘米的位置既能够触到又不会碰头。

推荐家具如下。

（1）顶柜

20 世纪初期橱柜才开始出现在灶台顶部，无论是实木门还是带有透明、磨砂或者波纹的玻璃门，都同样别致实用（见图 4-33）。

（2）开放式置物架

轻便、透气，将顶柜替换为置物架，在不减少储物空间的同时却能去除压抑感。将餐具厨具陈列摆放出来，不仅能起到装饰作用，还能确保常用的东西触手可及（见图 4-34）。

 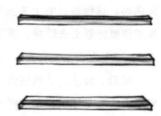

图 4-33 顶柜　　图 4-34 开放式置物架

（3）不锈钢材质橱柜

工业风格的橱柜，配上木色的工作台面可以让整体效果温暖起来。烤漆后不仅能减少指纹还能增添一抹亮色（见图 4-35）。

（4）木制材质厨柜

带着自然、温馨的感觉，做成很浅的颜色、漂白的效果或者深色油漆的效果都非常受欢迎，如果想将门板做成嵌板的效果，那么油漆过的色彩会更合适（见图 4-36）。

（5）层压材质厨柜

细腻而整洁，突出灶具、台面和其他组成部分的质地和效果。线条简洁的设计适合做成各种颜色（见图 4-37）。

图 4-35 不锈钢　　图 4-36 木制材　　图 4-37 层压材质
材质橱柜　　　　质厨柜　　　　　厨柜

小贴士：

在选择厨房柜面材质和颜色时，一定要特别注意柜体造型、色彩和款式与整体的餐厅、客厅风格相吻合，哪怕是一个柜门拉手也要和整体风格保持一致。

5．卧室

舒适的卧室是一夜好梦的保证，温馨的色彩搭配、舒适的床品、良好的通风和绿色盆栽都能增加卧室的和谐感，让人彻底放松下来。卧室同样是彻底展现个性的私人空间，法国国王路易十四把宴会厅和沙龙场所装饰得奢华繁复，但卧室却是他情有独钟的简洁风格。所以卧室家具和饰品的选择上可以充分展现主人的喜好，如床就有许多风格可供选择。

经典家具推荐如下。

（1）柱式床

四柱床起源于 15 世纪，现在也被演绎成各种现代风格。这种款式高大且气势逼人，可以让屋顶看上去更高。加上床幔的床，带着浪漫的味道，而不加的话，也同样有结构的立体美感（见图 4-38）。

图 4-38 柱式床

（2）摩登平台床

没有床腿的设计，带着极简主义和粗犷的感觉，虽然看上去体积感很强，但是小空间同样适用，没有床尾板的设计节省了不少空间（见图 4-39）。

（3）软包床

奢华、迷人，柔美中带着英气。舒适的靠背适合倚靠阅读，用铆钉或卷边修饰更显其轮廓感（见图 4-40）。

图 4-39 摩登平台床

图 4-40 软包床

（4）巴洛克式床

这种风格可以追溯到 17 世纪的欧洲，床头板经过精心的雕刻，有着华丽、庄严的感觉，配合简约摩登的家具，在减少厚重感的同时，还能通过对比增添时尚艺术感（见图 4-41）。

图 4-41 巴洛克式床

（5）雪橇床

纯实木的雪橇床从罗马帝国时期就开始存在了，当代经过软包出来的雪橇床则更为舒适实用。古典的造型略显高贵稳重（见图 4-42）。

（6）北欧风格床

精巧而清新自然，平直或略带曲线的床头和床尾板可以做成嵌板、藤编或者软包的设计，体现出闲适纯朴的感觉（见图 4-43）。

图 4-42 雪橇床

图 4-43 北欧风格床

小贴士：

舒适个性的床，搭配合适的窗帘、墙纸、床裙等物品，会让整体风格更到位。一块儿小的区域地毯也能增加空间的温馨感。

6. 书房

书房虽然是专心工作学习的地方，但也不能毫无风格、过于单调乏味。书房的软装需从书桌入手，书桌的摆放地点是考虑的重点。如果业主希望在卧室中辟出一角来工作学习，那么书桌的风格就要配合卧室的整体风格。

经典家具推荐如下。

（1）Campaign 书桌

携带方便，最早由英国军官使用，风格扎实而粗犷，巨大的桌面提供了充足的工作空间（见图 4-44）。

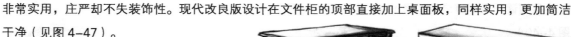

图 4-44 Campaign 书桌

（2）Cubby 书桌

George Nelson 中世纪的经典之作，由传统的带抽屉的版本精简改良而来，更加轻便透气（见图 4-45）。

（3）Secretary 书桌

高大的橱柜和可收缩折叠的桌面板相结合的设计，起源于 18 世纪，在垂直方向上增加储物实用空间，使其适用于较小的房间（见图 4-46）。

图 4-45 Cubby 书桌　　图 4-46
Secretary 书桌

（4）古典抽屉式书桌

对称的带桌肚的设计最早由路易十四使用，拥有大量的储物空间，非常实用，庄严却不失装饰性。现代改良版设计在文件柜的顶部直接加上桌面板，同样实用，更加简洁干净（见图 4-47）。

（5）Parsons 书桌

20 世纪 30 年代的多功能的经典款，桌腿的宽度和桌面的厚度相同，显得线条分明，干净并具现代感。其他类似的既可以做 餐桌也可以做书桌的单品，同样也可以成为书房与众不同的点睛之笔（见图 4-48）。

图 4-47 古典抽屉式书桌　　图 4-48 Parsons 书桌

（6）古典主义书桌

源于 18 世纪英国的一种边桌，纤细、柔美，带着圆润的弧度，不论放在哪种房间内都美丽迷人（见图 4-49）。

图 4-49 古典主义书桌

> **小贴士：**
>
> 　　除了书桌之外，舒适而独特的书桌椅和光线护眼的台灯对于长时间使用书房的人来说非常重要。装饰性台灯虽然可人，但是光线不足，如果确需安装，现代感十足的金属工作台灯，哪怕在非常古典的书房里也是点睛之笔。如果空间需要的话，文件柜和书架可以提供充足的储物空间，搭配一些经典的装饰品或者几盆绿植，能让空间立马不再单调。

4.2　灯具

现代装饰设计中，灯具的作用除了照明之外，更多的时候起到的是装饰作用。软装设计师学习灯具知识首先要了解各种灯具的工艺风格、功能造价，以最终为空间选配价格、风格都适合的灯具。

4.2.1　照明设计

灯具的设计，不但侧重艺术造型，还考虑到形、色、光与环境格调的相互协调、相互衬托，以达到灯与环境互相辉映的效果。一个好的灯具，可能一下子会成为装饰空间的灵魂，让你的室内空间褶褶生辉，富贵、小资、文艺、温馨等情趣表达都可以通过灯具展现。

灯具的选择，首先，要具备可观赏性，要求材质优质、造型别致、色彩丰富；其次，要求与营造的风格氛围相统一；再次，布光形式要经过精心设计，注重与空间、家具、陈设等配套装饰相协调；最后，还需突出个性，光源的色彩按用户需要营造出特定的气氛，如热烈、沉稳、安适、宁静、祥和等（见图4-50、图 4-51）。

图 4-50　俄罗斯夏宫内的灯，与鎏金装饰雕刻融为一体，其装饰效果远胜照明功能

图 4-51　客厅的灯饰，在美观性、材质选择以及灯光布置上与环境陈列完全融合。

4.2.2　灯具分类

1.　中式风格的灯具

以宫廷建筑为代表的中国古典建筑，高空间，大进深，雕梁画栋，其室内装饰设计艺术风格彰显气势恢宏、壮丽华贵、金碧辉煌的特点。这类风格，在造型上讲究对称，色彩上讲究对比，材料上以木材为主，图案多以龙、凤、龟、狮、清明上河图、如意图、京剧脸谱等中式元素为主，非常强调体现古典和传统文化的神韵，精雕细琢，瑰丽奇巧。与这类空间配合的中式灯具要求具有内敛、质朴的设计风格。

中式风格灯具秉承中式建筑传统风格，选材使用镂空或雕刻的材料，颜色多为红、黑、黄，造型及图案多采用对称式的布局方式。格调高雅,造型简朴优美,色彩浓烈而成熟(见图4-52、图4-53、图4-54)。

图4-52 中式元素简化的吊灯　　　　图4-53 中式吊灯　　　　图4-54 中式灯具

2. 欧式风格的灯具

欧式风格灯具是当下人们眼中奢华典雅的代名词,以华丽的装饰、浓烈的色彩、精美的造型著称于世,它的魅力,在于其岁月的痕迹,其体现出的优雅隽永的气度代表了主人卓越的生活品位。

欧式灯具非常注重线条、造型的雕饰,以黄金为主要颜色,以体现雍容华贵、富丽堂皇之感,部分欧式灯具还会以人造铁锈、深色烤漆等故意制造一种古旧的效果,在视觉上给人以古典的感觉(见图4-55、图4-56、图4-57)。

图4-55 树脂材料镂空装饰的　　　图4-56 欧式水晶灯　　　图4-57 古典欧式盾牌元素设计
　　　　　欧式吊灯　　　　　　　　　　　　　　　　　　　　　　　　的壁灯

3. 新古典欧式灯具

新古典欧式灯具又称简约欧式灯具或者欧式现代灯具,它是古典欧式灯风格融入简约设计元素的家具灯饰的统称。新古典欧式灯外形简洁,摒弃古典欧式灯繁复的特点,回归古朴色调,增加了浅色调,以适应消费者,尤其是中国人的审美情趣,其继承了古典欧式灯的雍容华贵、豪华大方的特点,又有简约明快的新特征(见图4-58、图4-59、图4-60)。

图4-58 俄罗斯乌克兰大酒店大堂的 灯具，简约但不失贵气　　　图4-59 客厅的灯具彰显了 主人优雅华贵的气质　　　图4-60 新古典欧式灯具

4. 现代及后现代风格的灯具

现代灯具发展的4个主要流行趋势：应用高效节能光源；向多功能、小型化发展；注重灯具集成化技术开发；由单纯照明功能向照明与装饰并重发展。现代风格灯具的设计与制作，大力运用现代科学技术，将古典造型与时代感相结合，追求灯具的有效利用率和装饰效果，体现了现代照明技术的成果。简约、另类、追求时尚的现代灯（见图4-61、图4-62、图4-63）总结起来主要有以下几个特点：风格上充满时尚和高雅的气息，返璞归真，崇尚自然；色彩上以黑色、白色、金属色居多，有时也色彩斑斓，总体色调温馨典雅。

图4-61 黑色铁质可伸缩的现代灯具　　　图4-62 不锈钢与玻璃制成的现代灯具　　　图4-63 高低错落的吊灯

5. 美式风格的灯具

美式风格是美国生活方式演变到今日的一种形式。美国是一个崇尚自由的国家，这也造就了其自在、不羁的生活方式，没有太多造作的修饰与约束，不经意中也成就了另外一种休闲式的浪漫。而美国的文化又是以移植文化为主导，它有着欧洲的奢侈与贵气，但又结合了美洲大陆这块水土的不羁，这样结合的结果是剔除了许多羁绊，成就了怀旧、贵气而不失随意的风格。

美式风格灯具的这些元素也正好迎合了时下的文化资产者对生活方式的需求，即有文化感，有贵气感，还不能缺乏自在感与情调感。

美式灯具风格主要植根于欧洲文化，美式风格灯具与欧式风格灯具有非常多的相似之处，但还是可以找到很多自身独有的特征：风格上美式灯虽然依然注重古典情怀，在吸收欧式风格甚至是地中

海风格的基础上演变而来，但在风格和造型上相对简约，外观简洁大方，更注重休闲和舒适感（见图
4-64）。

图 4-64　铜制或铁制灯具框架配合复古的灯罩与烛台，形成典型的美式风格灯具

6. 地中海风格的灯具

　　"地中海"源自拉丁文，原意为地球的中心。地中海风格的灵魂，可用这样一句话来概括：蔚蓝的浪漫情怀，海天一色、艳阳高照的纯美自然。通常地中海风格设计会采用白灰泥墙、连续的拱廊与拱门、陶砖、海蓝色的屋瓦和门窗等设计元素。当然，设计元素不能简单拼凑，蓝色是体现海洋风情最主要的灵魂元素，想要表现海洋世界的空旷、宁静、自由的特点，需要在空间和色彩上营造一种沉静悠远的感觉。

　　地中海风格的灯具在将海洋元素应用到设计中的同时，还善于捕捉光线，取材天然，大多采用铁艺灯架、云母贝壳镶嵌靓丽的宝石（见图 4-65）。

图 4-65　典型的地中海风格灯具

7. 东南亚风格的灯具

　　东南亚风格装饰是目前日趋流行的风格，这种风格可以说是一种混搭风格，不仅和印度、泰国、印度尼西亚等国装饰风格相关联，还吸收了中式风格元素，又因为东南亚国家有着多年被殖民历史，所以东南亚风格主要表现为两种取向：一种为深色系，受中式风格影响；另一种为浅色系，受西方影响。

　　东南亚风格灯具在这种大背景下融合、发展成为独有的风格类型，但整体都非常崇尚自然，主要有以下几大表现：材质上，东南亚风格灯具会大量用麻、藤、竹、草、原木、海草、椰子壳、贝壳、树皮、砂岩石等天然的材料，营造一种充满乡土气息的生活空间，大多数东南亚灯具会装点类似流苏的小装饰物（见图 4-66）。

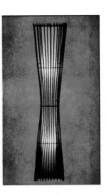

图 4-66　藤编框架配合羊皮灯罩或带有殖民特点的特色绚烂东南亚风格灯具

4.3　不同居室空间的灯光运用与设计原则

灯具在不同的空间里，有时候偏重于照明和色彩的真实还原，有时候侧重于装饰效果，有时候两者兼之。选择时，要结合不同用户的不同需求、不同特点、不同用途及室内空间装饰的不同要求进行综合考虑。

家居室内环境要配合不同数量、不同种类的灯具，除了满足人们对光质、视觉卫生、光源利用等的要求之外，还要体现出不同的个性。灯光设计中要合理利用"明与暗"或者"暗与明"之间过渡的变化：灯光不足，给人昏暗、恐怖与阴凉的感觉；灯光过强，直射眼睛，会让人产生眩光。因此，设计师需要掌握各类居室灯光应用的要点，避免出现灯光错位。

居室灯光颜色的选择，要考虑居室的使用功能。正确使用灯光色彩设计可以使室内空间变得典雅、温馨，又有益于身心健康，有利于创造平稳、安定、温馨、温暖的色彩环境。光的设计切忌眼花缭乱和反差太大，要注意和谐、协调、统一。

4.3.1　客厅

1.　灯光运用

中国人的夜间活动，最经常的就是一家人窝在沙发上看电视，一般电视机的光线很强，人们聚精会神看屏幕的时候是非常损害眼睛健康的。所以电视机旁边安装一个 3 级强度的气氛灯，比如壁灯或者台灯都可以，主要是用来增加灯影的过渡，窝在沙发上看电视的时候，如果看看杂志、报纸，就需要一个直射的定向灯（用一个落地灯或者茶几上的台灯即可），为使光亮强度达到 5 级，在旁边还要加一个 3 级强度的气氛灯，如果沙发后面的墙上有画，加一个 3 级强度的画框灯就好多了。

2.　设计原则

为了烘托一种友好、亲切的待客气氛，采用鲜亮明快的灯光设计非常有帮助，但是要注意颜色的深浅层次搭配，注重意境营造（见图 4-67~ 图 4-70）。

图 4-67　暖黄色的灯光明快亮堂，使客厅给人气度不凡的感觉

图 4-68　中式客厅的照明

图 4-69　美式客厅照明

图 4-70　现代风格的客厅照明

4.3.2　餐厅

1．灯光运用

餐桌上加吊灯，可以让进餐的人好好欣赏一下桌子上色香俱全的美味，以让人更加有食欲。安装要点：高度适当，四目可以对视，没有遮挡；不能吊得太高，保证可以看清餐桌上的美味；不用漫射灯，避免显得太"朦胧"主义：灯罩下沿距离桌面55~60厘米，具体高度根据业主身高具体分析（见图4-71、图4-72）。

图 4-71　明快的餐厅灯光

图 4-72　古典韵味的餐厅照明

2. 设计原则

刺激食欲及营造浪漫气氛是餐厅灯光设计的重要任务，浪漫的黄色、橙色等暖色灯光设计是不错的选择（见图 4-73、图 4-74、图 4-75）。

图 4-73　暖色调灯光可以促进食欲

图 4-74　橙色灯光增加了
餐厅的氛围感

图 4-75　英式浪漫餐厅灯光

4.3.3　书房

1. 灯光运用

书房工作台的工作灯具，要选择可以调节高度和方向的工作灯，周围要有补光的气氛灯，以做好光线明暗的自然过渡（见图 4-76、图 4-77）。

2. 设计原则

一般书房的家具台面以栗色和褐色为主，采用活泼、明快的黄色暖光，

图 4-76　新中式书房灯光设计

图 4-77　书房灯光照明设计

能调和出清爽淡雅的视觉氛围，黄色的灯光可以在狭窄的学习空间里营造一种广阔的感觉，可以振奋精神，提高学习效率，有利于消除和减轻眼睛疲劳（见图4-78、图4-79）。

图4-78　黄色灯光营造一　　　　　图4-79　台灯的使用是必要的，增加了阅读时的注意力
　　　　种广阔的感觉

4.3.4　卧室

1.　灯光运用

卧室中常用的灯具包含床头灯和吸顶灯两种，尽量避免安装吊灯，床头灯包括壁灯和台灯两种。

（1）床头灯的运用原则：如果主人有晚上读书的爱好，可以把床头壁灯放在床中间，看书的人把灯扭向自己的方向，不影响枕边人的休息；尽量不采用夹灯，因为比较容易掉下来伤害别人；如果主人平时没有在床上读书的习惯，可以在床的两边放漫射的台灯或壁灯，因为只是用来起夜的时候照明，平时还有种朦胧感，能起到调节气氛的作用（见图4-80）。

（2）吸顶灯的运用原则：如果卧室内希望增加整体的照明亮度，可以通过安装主灯来解决问题，但注意不要安装在床的正中心，因为会给人很不安全的感觉。正确的安装顶灯的位置是两个床尾线中间的位置，这样，即使放罗帐、垂珠帘，都不受影响（见图4-81）。

图4-80　床头柜上的台灯能很好地烘托气氛　　　　图4-81　卧室的灯光综合照明设计

2. 设计原则

卧室是人们的主要休息场所，这个空间灯光不需要太亮、太耀眼，浅鹅黄色能给人以温暖、亲切、活泼之感，采用浅鹅黄色光源比较容易营造温馨的就寝环境（见图4-82）。

图 4-82　采用浅鹅黄色光源营造温馨的就寝环境

4.3.5　卫生间

1. 灯光运用

对于卫生间来说，最重要的灯光就是洗脸池的灯光，首先强度要够，其次是角度要对，最后就是灯光最好是暖光。如果卫生间内空间足够大的话，最好在洗脸池上方的镜子两侧都装壁灯；空间不够的话，要在镜子的顶部尽量拉长灯光长度。要避免只在头顶天花板上安装一个直射射灯，否则会像正午阳光效果一样。如果要安装射灯，正确的做法是安装在镜子与人脸之间的吊顶位置，这样的角度能使光线打在脸部，照射出来人脸气色自然就好（见图4-83）。

图 4-83　灯具安装位置很好地呈现了照射美化效果

2．设计原则

营造浪漫、平易的情调是卫生间灯光设计的重要任务，温暖、柔和的灯光洋洋洒洒地照射在富有复古质感的墙、地砖上，在多层次灯光的作用下，可以带来古典的美感（见图4-84、图4-85）。

图 4-84　中式风格卫生间灯光的设计　　　　图 4-85　带有古典美感的卫生间用灯

4.3.6　厨房

1．灯光运用

厨房一定要增加厨台灯，因为一般情况下橱柜会对吸顶灯的照射起到很大的遮挡作用，人在厨房亮度不够的时候切肉、切菜都会受到很大的影响（见图4-86）。

2．设计原则

厨房的特殊性作用决定了它对照明的实用性有着很高的要求，厨房的灯光设计要求明亮实用，色彩不要复杂，当台面光线不足时，可以选用隐蔽式荧光灯来为厨房的工作台面提供照明（见图4-87）。

图 4-86　厨台灯的安装解决了操作的便利性问题　　　　图 4-87　实用性的照明是厨房最佳选择

4.4　灯光与色彩的搭配

室内灯具灯光的布置不仅要考虑到室内的环境需要，还要考虑搭配家具的风格、墙面的色泽、家用电器的色彩，以及灯光与环境整体色调的一致，才能营造出所期望的情调和氛围，取得最动人的效果。软装设计师在室内灯光色彩设计方面基本可以从健康原则、协调原则、功能原则等几方面去协调和使用（见图4-88和图4-89）。

图 4-88　客厅灯光配置，营造舒适惬意的明亮会客空间

图 4-89　餐厅配合暖色的灯光，营造浪漫的就餐环境

1．健康原则

人们对色彩的运用首先要考虑的就是符合健康原则，美化居室是为了追求美与享受美，但是健康才是首要的。如果灯光色彩运用不当，反而会对身体健康造成严重损害，这样再美的空间也是不符合居住要求的，按照不同色彩对人的心理和生理的影响程度，需要具体掌握各种颜色的心理暗示作用：蓝色可减缓心律，调节平衡，消除紧张情绪；米色、浅蓝、浅灰有利于安静休息和睡眠，易消除疲劳；红橙、黄色能使人亢奋，振作精神；白色可使高血压患者血压降低，心平气和；红色则使人血压升高，呼吸加快。

2．协调原则

任何事物和谐才是真正的美，居住空间不能使灯光和色彩形成强烈对比，切忌红绿搭配等刺激性色调，因为灯光过于花哨容易使人产生紊乱、繁杂的感觉，严重的会导致疲劳和神经紧张。

首先，灯光颜色要与房间大小相互协调，要体现层次感，分清主次，以达到美化居室的目的，房间狭小要选用乳白色、米色、天蓝色，再配以浅色窗帘，这样使房间显得宽阔；其次，灯光颜色与墙面色彩协调，选择灯饰和灯光颜色时要考虑墙面色彩和个人喜好因素，如果墙壁和主色是绿色或蓝色，则以黄色为主调的灯饰可以带给人阳光感，如果墙面和主色调是淡黄色或米色，则色调偏冷的吸顶式日光灯能与墙漆"中和"出柔和的光线氛围（见图4-90、图4-91）。

图 4-90　空间以蓝、白色进行搭配，墙面家具采用蓝色，灯具则采用白色，形成协调的空间效果

图 4-91　整体空间以米黄色调为基础，蓝色吊灯与家具、饰品色彩相呼应

课后作业

　　通过学习课程，切身走进家居卖场感受软装家具的风格以及特点，熟悉家居环境氛围，调研现场观察记录并拍摄图片资料，体验在软装陈列设计中各种不同灯光的运用手法以及设计原则，并且对文字与图片资料进行案头分析，将其整理成文档储存。

第 5 章
软装设计之布艺

软装设计
Soft Decoration

布艺是点缀格调生活空间不可或缺的基本要素，可以把家具布艺、窗帘、床品、地毯、桌布、抱枕等都归到家纺布艺的范畴，不同的材质、造型、色彩搭配，会创作出一幅幅美妙的画面。布艺能柔化室内空间生硬的线条，在营造与美化居住环境上起着重要的作用。通过各种布艺之间的搭配可以有效地调节室内的环境，呈现空间的整体感。

5.1 布艺基础

1. 面料的品种、质地、性能认知

面料的品种、质地、性能都对设计创作起着重要作用，在进行布艺设计和创作时，需要鉴别布艺面料，以准确地为设计实施作出判断和决策。

布艺面料根据其制作工艺不同基本上可分为染色布、色印花布、提花布等几大种类。

（1）染色布

在白色胚布上染上单一颜色的称为染色布，染色布多素雅、自然，适合各种风格（见图5-1）。

（2）色织布

根据图案需要，先把纱线分类染色再经交织而构成色彩图案。色织布立体感强、纹路鲜明，且不易褪色。

（3）印花布

在素色胚布上用转移印花和渗透印花的方式印上色彩、图案，印花布色彩艳丽、图案丰富、表现细腻。

（4）提花布

经纱和纬纱相互交织形成凹凸有致的图案，提花布的最大的优点就是纯色自然、线条流畅、风格独特，简单中透出高雅的气质，能很好地搭配各式家具，这一点非印花布所能媲美，而且提花面料与绣花及花边结合，更能增添面料的美观性，设计出来的产品大气、奢华，一般可用作高中档窗帘、沙发布料。

（5）提花印布

把提花和印花两种工艺结合在一起织造的面料称为提花印布，这种面料最大的特点就是花形富有层次感，一般多应用于高档窗帘（见图5-2）。

（6）色织提花布

在织造之前就已经把纱线染成不同的色彩，然后再进行提花，此类面料不仅提花效果显著而且色彩丰富柔和，是提花中的高档产品，一般应用于高档的床上用品。

图 5-1 染色布

图 5-2 提花布

2. 布艺设计要点

居室内的布艺种类繁多，设计时一定要遵循一定的原则，恰到好处的布艺装饰能为家居增添色彩，胡乱堆砌则会适得其反，基本的口诀可以总结为：色彩基调要确定，尺寸大小要准确，布艺面料要对比，风格元素要呼应。

第一，一个空间的基调是由家具确定的，家具色调决定着整个居室的色调，空间中的所有布艺都要以家具为最基本的参照标杆，执行的原则可以是窗帘参照家具，地毯参照窗帘，床品参照地毯，饰品参照床品。

第二，像窗帘、帷幔、壁挂等悬挂的布艺饰品的尺寸要合适，面积大小、长短等要与居室空间、悬挂立面的尺寸相匹配，如较大的窗户，应以宽出窗洞、长度接近地面或落地的窗帘来装饰；小空间内，要配以图案细小的布料，一般大空间比较适合用大型图案的布饰，这样才不会有失平衡。

第三，在面料材质的选择上，尽可能地选择相同或相近元素，避免材质的杂乱，当然，采用与使用功能相统一的材质也是非常重要的。比如装饰客厅可以选择华丽优美的面料，装饰卧室就要选择流畅柔和的面料，装饰厨房可以选择结实易洗的面料（见图 5-3）。

第四，整体空间的布艺选材质地、图案也要注意与居室整体风格和使用功能相搭配，在视觉上首先达到平衡的同时给予触觉享受，给人留下一个好的整体印象。例如，地面布艺颜色一般稍深，台布和床罩应反映出与地面的大小和色彩的对比，元素尽在地毯中选择，采用低于地面的色彩和明度的花纹来取得和谐是不错的方法（见图 5-4）。

第五，在居室的整体布置上，布艺的色彩、款式、意蕴等也要与其他装饰物呼应协调，它的表现形式要与室内装饰格调统一（见图 5-5）。

图 5-3　窗帘图案及纹理与　　　　图 5-4　窗帘色调与室内相协调　　　　图 5-5　窗帘图案与室内
　　　　　家具相协调　　　　　　　　　　　　　　　　　　　　　　　　　　　　　　　相呼应

3. 布艺经典图案

布艺的图案可以表达不同的风格特点，正确运用可以让设计作品有亮点，例如，有浓重的色彩、繁复的花纹的布艺适合具有豪华风格的空间，但由于表现力强，较难搭配，设计师需要有足够的功底才可考虑使用；具有简洁抽象图案的浅色布艺，能衬托现代感强的空间；带有中国传统图案的织物最适合中国古典风格的空间。当然，学习布艺设计的时候，首先要弄懂几款较常见的布艺图案。

（1）大马士革图案

这种图案是由中国格子布、花纹布通过古丝绸之路传入大马士革城后演变而来的，这种来自中国的图案在当时就深受当地人们的推崇和毫爱，并且在西方宗教艺术的影响下，这种图案得到了更加繁复、高贵和优雅的演化。现在大马士革图案都是欧式风格布艺的最经典纹饰，美式、地中海风格也常用这种图案（见图5-6）。

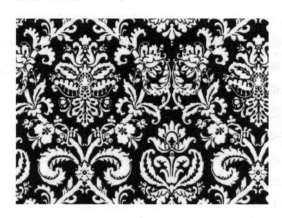

图 5-6　大马士革图案

（2）佩斯利图案

佩斯利，英文叫 Paisley，特点是像水滴一样的形状，配上许多花花草草作为装饰，曲线和中国的太极图案有些相似，这种设计源自印度的菩提树叶、海藻树叶和芒果树叶，这些树都有"生命"的象征意义，尽管已经过去了近两百年，但这种图案还是较多地运用于欧式风格布艺中，甚至影响着当代的其他艺术设计（见图5-7）。

图 5-7　优雅的佩斯利图案

（3）卷草纹

因盛行于唐代故又名唐草纹。多取忍冬、荷花、兰花、牡丹等花草，经处理后作"S"形波曲线排列形成二方联系图案，花草造型多曲卷圆润。"它以那旋绕盘曲的似是而非的花枝叶蔓，得祥云之神气，取佛物之情态，成了中国佛教装饰中最普遍而又最有特色的纹样"（见图5-8）。

图 5-8　卷草纹图案

（4）中式回纹

以四方连续组合，俗称为"回回锦"。最初，回纹是人们从自然现象中获得灵感而用在陶器和青铜器上做装饰用的；到了宋代，回纹被装饰在盘、碗、瓶等器物的口沿或颈部；明清时期，在织绣、地毯、木雕、漆器、金钉以及建筑装饰的边饰和底纹上回纹被广泛采用。由于这种整齐划一、绵延丰富的图案寓意吉祥，后世便赋予它诸事深远、绵长的意义，民间称之为"富贵不断头"（见图5-9、图5-10）。

 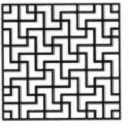 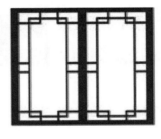 

图 5-9　经典回纹窗格　　　　　　　　　　　　　　图 5-10　回纹软靠包

5.2　家具布艺

布质家具具有一种柔和的质感，且具有可清洗、可更换的特点，无论居家装饰、清洁维护，都十分方便且富变化性，因此深受人们的喜爱。在进行整体软装设计时，家具布艺一定是重中之重，因为它决定着整体风格和格调。

运用布艺装饰家具时，布艺的色彩、花色图案主要遵从室内硬装和墙面色彩，以温馨舒适为主要原则：淡粉、粉绿等雅致的碎花布料比较适合浅色调的家具；墨绿、深蓝等色彩布料是深色调的家具的最佳选择等。各个风格特色家具都有其独特的表达语言。

1. 欧式风格家具布艺

要求造型色彩与周围环境相和谐，采用大马士革、佩斯利图案和欧式卷草纹进行装饰能达到豪华的效果（见图 5-11）。

图 5-11　欧式风格家具布艺

2. 西班牙古典家具

常以色彩华丽或夹着金丝的织锦、缎织布品为主，用以展现贵族般的华贵气质（见图 5-12）。

图 5-12　西班牙家具布艺

3. 意大利风格家具

常以极鲜明或极冷色调的单色布材来彰显家具本身的个性，简洁大方的设计原则是意大利家具布艺的特点（见图 5-13）。

图 5-13　意大利风格家具布艺

4. 美式、法式、英式田园风格家具布艺

为了达到使人容易亲近的效果，常运用碎花或格纹布料。而采用皮料与原木搭配，更能出色地表达自然、温馨的气息（见图 5-14、图 5-15、图 5-16）。

图 5-14　法式田园风格家具布艺　　　图 5-15　美式田园风格家具布艺图　　　图 5-16　英式田园风格家具布艺

5. 东方风格家具

东方风格家具往往很少将布艺直接与家具结合，而是采用靠垫、坐垫等进行装饰（见图 5-17）。

图 5-17　中式风格的坐垫与抱枕

5.3　窗帘布艺

1. 窗帘对现代家居的作用

传统意义上，窗帘的作用是装饰、遮光、避风沙、降噪声、防紫外线等，大众生活水平的提高，不仅对窗帘的功能提出了更高的要求，更要求它能准确地表达设计风格，营造美好的居住环境。随着室内

装饰的发展，布艺中的窗帘上升到装饰房间的主角地位，它和墙纸构成整个立面的效果呈现，合适的窗帘选择会为家庭装饰起到画龙点睛的效果，直观地体现不同的风格品位。

2. 窗帘分类

窗帘通常可以分为两类：成品帘和布艺帘。

（1）成品帘功能种类

成品帘多用于大型的公共空间或家居中相对较小的窗户，在风格上，比较适合现代简约的家居设计，成品帘根据结构扣材质、功能分类如下。

① 卷帘

具有收放自如的特点，根据材质的不同分为人造纤维、木质、竹质等种类，其中人造纤维卷帘因为特殊的编织工艺，可以过滤强光和辐射，改善光线品质，也可防静电和防火（见图5-18）。

② 折帘

可以根据日夜不同光线功能需求进行非常到位的调节，白天，窗纱可过滤强烈的太阳光；夜晚，严密的遮光面料可以挡住室外光线。折帘适合装饰简约风格型窗帘，根据其功能不同还可以分为百叶帘、日夜帘、蜂房帘、百折帘等，其中蜂房帘还具有吸音效果（见图5-19）。

③ 垂直帘

叶片垂直悬挂于上轨，可左右自由调光，以达到遮阳目的，整体造型幽雅、大方，线条明快，较适合于时尚、简约风格的室内空间。根据材料的不同可以分为PVC垂直帘、纤维材料垂直帘、铝合金垂直帘、阳竹木垂直帘。现在，随着科技的发展，还研制出了更加方便的电动垂直帘（见图5-20）。

④ 遮阳帘和电动帘

以上类型都可选择遮阳功能的面料而成为遮阳帘，加上电动智能控制系统，成为电动帘。

图 5-18　卷帘

图 5-19　蜂房帘

图 5-20　垂直帘

（2）布艺帘功能种类

布艺帘是布经设计缝纫而成的窗帘，按照面料成分和制作工艺可划分为非常多的种类，适合所有风格类型。

①布艺帘的组成

布艺窗帘的组成有主帘（主布和配纱）、上幔、轨道（及其控制系统）、挂钩、挂球、花边绑带等（见图5-21）。

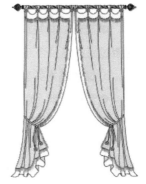

图 5-21

②布艺窗帘的质地种类及特点

窗帘布照面料成分一般分为纯棉、麻、涤纶、真丝，也有几种原料混织而成的混合面料。而根据制作艺不同可分为印花布、染色布、色织布、提花布等。棉质面料质地柔软，手感好，较适合东方格调的设计；麻质面料重感好，肌理感强，较适合田园风格设计；真丝面料高贵、华丽，以100%天然蚕丝构成，较适合古典风格设计；涤纶面料挺括、色泽鲜亮不退色、不缩水，是目前最受欢迎也是最常用的一种。还有现在使用的较广泛的棉麻、涤棉、涤丝、仿真丝等混纺面料，集环保系数高、手感柔垂、洗涤方便、不变形、不褪色等优点于一身。

③布艺帘的基本设计步骤

第一步：确认窗户类型，确定布帘组成及款式风格。

现在的楼盘设计更趋多样化，作为建筑对外的窗口，窗户和门也更加造型各异，根据不同窗型来配搭选购合适的窗帘，绝对是一门高深的学问，要达到"量体裁衣"的制作效果，确实需要设计师具备深厚的功底，下面详细分析各种窗型的设计要点，为家居环境画龙点睛。

a. 窗户的基本类型

●落地窗：常见于客厅、卧室等主要处所，窗框和门框连为一体的造型，这类窗型的窗帘一定要遵从大气原则，简约的剪裁、单一且雅净的色调，能为落地窗帘达到大气的效果加分，同时选择垂直线条能增加空间的整体纵深感（见图5-22）。

●飘窗：多见于卧室、书房、儿童房等空间的一种现代窗型，为方便人们靠坐阅读需要，这类窗对窗帘的光控效果要求较高，一般以使用一层主帘、一层纱帘的双层窗帘为宜，薄纱可柔化射进的光线，使室内既有充裕的光线又不乏朦胧的美感，同时也不失房间的私密性，可谓一举三得（见图5-23）。

●转角窗：一般有L形、八字形、U形、Z形等类型，转角处有墙体或窗柱的八字形窗采用多块落地帘分割比较合理，使用和拆卸也较方便（见图5-24）。

图 5-22　落地窗

图 5-23　飘窗

图 5-24　转角窗

●高窗：有些跃层窗高5~6米，因为窗子过高，建议安装电轨道，有了遥控拉帘装置，就不会因窗帘过高不易拉合而担忧。

b. 窗帘基本类型

●窗箱造型：适合所有窗型和风格需要，一般有窗帘箱配套，往往采用直轨安装，一般无幔或配设一体幔，其他配件包含扣式、绑带、挂钩、挂球等，适合所有风格类型（见图5-25）。

●罗马杆造型：门窗两边留有墙垛，且在离吊顶一定距离的情况下，采用穿幔挂帘和拼贴幔，其他配件包含绑带、挂钩、挂球等，一般适合地中海，美式、简欧风格类型（见图5-26）。

图 5-25　窗箱造型　　　　图 5-26　罗马杆造型

第二步，根据不同窗户形状和功能，选配适当款式窗帘。

根据不同的功能需要，人们设计出各种款式的窗帘方式，如单幅窗帘、双幅窗帘、短帷幔窗帘、咖啡窗帘、内挂布卷帘、外挂布卷帘等。

a. 单幅窗帘：单幅窗帘对于狭小空间或者紧密排布的窗户非常合适，随意向一边挽起显得浪漫温馨，而简单地垂坠又可以显得清爽飘逸（见图5-27）。

b. 双幅窗帘：双幅窗帘是最常见的，对称而有条理，除了单布之外还可以增加一些镶边或者缀饰，用来增添一些视觉对比和浪漫情怀。罗马杆双幅窗帘一般会挂在窗框之外，通常窗帘轴会高于窗框10厘米左右，以让天花板看上去更高，还会宽于窗框15～20厘米，这样窗户会显得更宽大（见图5-28）。

图 5-27　小型空间中的单幅窗帘　　　　　　　　　　　　图 5-28　双幅窗帘

　　c.咖啡窗帘：咖啡窗帘并不常用，但偶尔点缀会有意想不到的效果。从窗户中部或者中偏上的位置开始悬挂，但不遮住整个窗户，在丰富色彩的同时也增添了些许的浪漫，对于不需要太多隐私的空间和用不到整幅窗帘的窗户正合适。尽管在遮阳这点上的功能不强，但依旧可以恰到好处地保护一定隐私（见图 5-29）。

　　d.布卷帘：内挂式卷帘一般是嵌在窗框之内的，尽管有时会让小型窗户看上去更袖珍，但这样看上去

图 5-29　咖啡窗帘

非常干净清爽。图 5-30（a）所示为平罗马帘在向上拉起时，平稳的褶皱会有序地堆叠在卷帘底部，很好地衬托出周围简洁线条，充满活动性和建筑结构感。外挂布卷帘虽不常见，但它们确实也能制造出使窗户变大的视觉效果，图 5-30（b）所示为伦敦款的卷帘，在拉起时两边会出现华丽的褶皱，这种注重装饰性的卷帘比较适合不需要常拉常放的窗户。

（a）平罗马帘　　　　　　　　　　　　（b）伦敦款卷帘

图 5-30　内挂布卷帘

e.短帷幔窗帘：很多时候，窗帘还会带有短帷幔，无论是平的还是带有褶皱，都给人一种更浪漫的感觉，底部既可以是整齐载平，也可以呈起伏波浪状。在短帷幔的布料选择上，清新自然的棉麻面料可以很大程度上减少厚重感。当然，短帷幔还可以用在原本不打算装窗帘的窗户上来柔化光线（见图 5-31）。

图 5-31　短帷幔窗帘

各个空间因为使用环境不同，需要充分研究窗帘的功能特点。厨卫空间因为环境潮湿、多油烟，耐擦洗的金属百叶窗较合适；休闲室、茶室需要一种返璞归真的感觉，较适合选用木制或竹制窗帘；阳台经常暴晒在阳光下，选用耐晒、不易褪色材质的窗帘最合适；书房为了达到有助于放松身心、思考问题的目的，可以选择透光性好的布料。特别值得提醒的是，因为孩子天性好动，有时会拿窗帘捉迷藏，甚至用牙咬窗帘，所以有孩子的家庭选购窗帘时，要充分考虑健康环保问题。

温馨、浪漫、私密的卧室空间中，窗帘除了装饰作用外，更主要的作用是保护隐私、调节光线。卧室窗帘还可以选择深色布料，遮光性好，而且能起到促进睡眠的作用。

选择窗帘还应考虑自身的文化背景、性格、年龄等。老人房窗帘应用亮度低而偏暖的色彩，中性色不仅显得古朴、典雅，还可以使老年人情绪稳定；儿童房窗帘则应选择明朗、鲜艳、自然的棉麻面料，可以很大程度上减少厚重感。

第三步，根据空间风格定位，确定窗帘设计风格。

学习准确的风格创作原则，能为居室空间整体风格把握创造一个好的氛围。当然，首先要了解不同风格的窗帘的表现特点。

a.巴洛克风格窗帘：风格上大方、庄重，有海洋的气势，闪耀着珍珠般的光芒，窗帘的色彩浓郁是风格的最重要特点，这种风格的窗帘往往与室内的陈设互相呼应，纯色丝光窗帘与白墙面和金色雕花是最佳搭档（见图 5-32）。

图 5-32　豪华的巴洛克风格的窗帘

b. 路易十四风格窗帘：路易十四风格的窗帘同样讲究宏伟、华丽、庄重的风格。浓烈的红色、绿色、紫色配以有繁复的雕刻、镀金材料的金色窗帘箱，可做出比较正统的路易风格，窗帘与墙纸同色同花，浑然一体，采用金色雕刻配金色流苏边设计让整个空间宏伟、华丽。整个室内空间采用同色系装饰会使得空间显得色彩饱满（见图 5-33）。

图 5-33　英国华莱士博物馆内采用的是路易十四风格

c. 洛可可风格窗帘：洛可可风格窗帘更多体现女性的柔美感觉，幔帘的设计更富有变化，多采用明快、柔和、清淡却豪华富丽色彩的面料制作，采用柔美的湖蓝色和大马士革纹样制作的窗帘，犹如文艺复兴时期女性华丽的大裙摆一样富有动感造型（见图 5-34）。

软 装 设 计
Soft Decoration

图 5-34　洛可可风格窗帘尽显女性的柔美之感

　　d.简欧风格窗帘：简欧风格窗帘可能是目前最受欢迎的设计风格，它摒弃了古典欧式窗帘的繁复构造，甚至已经不再有幔帘装饰，而采用罗马杆支撑，多层次布帘设计还保留了欧式风格的华贵质感（见图5-35）。

图 5-35　多层的简欧风格窗帘，华贵犹然

　　e.中式风格窗帘：中式风格窗帘可以选一些丝质材料制作，讲究对称和方圆原则，采用拼接和特殊剪裁方法制作出富有浓郁唐风的窗帘，可以很好地诠释中式风格。在款式上采用布百叶的窗帘设计是对中式风格的最佳诠释，对于落地窗，则以纯色布料的简单褶皱设计为主（见图5-36）。

图 5-36　中式风格窗帘

f. 田园风格窗帘：各种风格无论美式田园、英式田园、法式田园均可拥有共同的窗帘特点，即由自然色和图案布料构成窗帘的主体，而款式以简约为主（见图 5-37）。

图 5-37　田园风格窗帘

g. 东南亚风格窗帘：东南亚风格的窗帘一般以自然色调为主，以完全饱和的酒红色、墨绿色、土褐色等最为常见。设计造型多反映民族的信仰，棉麻材质为主的窗帘款式多粗犷自然。

东南亚风格窗帘多热情奔放，所选多为自然材质，有极为舒适的手感和良好的透气性（见图 5-38）。

图 5-38　东南亚风格的窗帘

h. 地中海风格窗帘：冷色调面料的窗帘设计应该是地中海风格的最佳诠释，比如各种蓝色对地中海明媚阳光的调和，让人仿佛置身在大海的怀抱中，整个空间变得柔软起来，心情也随之平静下来（见图 5-39）。

图 5-39　柔美的地中海风格窗帘

i.现代风格窗帘：现代风格窗帘线条造型简洁，而且往往运用许多新颖的材料，色彩方面以纯粹的黑、白、灰和原色为主，或者以各种抽象的艺术图案为题材（见图5-40）。

图5-40　现代风格窗帘

3. 窗帘设计基本原则和要点

窗帘设计基本原则和要点：首先，要根据装饰研究面料材质的私密性、舒适度、图案花纹的合理性；其次，需要充分考虑窗帘的环境色系，尤其是要与家具的色彩呼应；再次，要根据窗型类型选择合适的窗帘造型、材质、轨道形式；最后，根据造价，研究选用宽幅还是窄幅布料，因为有时选择正确的面料，可以节约很多费用。

（1）窗帘设计的统一性

其实窗帘的设计主要就是讲究"统一性"，即窗帘的色调、质地、款式、花型等必须与房间内的家具、墙面、地面、天花板相协调，形成统一、和谐的整体美，统一性可以从以下3个方面考虑：不同质感，但图案类似统一；不同图案，但颜色统一；虽然图案和颜色均不同，但质地类似统一，比如原木配麻、棉、丝绸等天然材质等（见图5-41）。

图5-41　窗帘的选择要与壁纸、图案、材质相统一

（2）窗帘设计的协调性

现在即使是一种材质的布料，也会有五花八门的花色，不同的花色对于窗帘风格有着很大的影响。在设计窗帘时按照以下基本方式进行，一定能达到比较好的效果。

①窗帘的主色调应与室内主色调协调，补色或者近色都是能达到较好的视觉效果的选择，极端的冷暖对比或者撞色是需要有足够的功底才可以运用的方式（见图 5-42）。

②各种设计风格均有适合的花色布艺进行协调搭配：现代设计风格，可选择素色窗帘；优雅的古典设计风格，可选择浅纹的窗帘；田园设计风格，可选择小碎花或斜格纹的窗帘，豪华的设计风格，则可以选用素色或者大花的窗帘（见图 5-43）。

③条纹的窗帘，走向应与室内风格走向协调一致，避免给人室内空间减缩的感觉（见图 5-44）。

图 5-42　窗帘色彩与室内色撞色的搭配　　图 5-43　田园风格窗帘与家具　图 5-44　窗帘选择要与室内整体
　　　　　　　　　　　　　　　　　　　　　　　　　　相协调　　　　　　　　　　风格相协调

（3）窗帘设计的功能性

在进行室内窗帘设计时，要根据不同的室内区域进行私密保护：客厅、餐厅等空间，对隐私的要求较低，因此白天多处于把窗帘拉开状态，可以选择偏装饰性的、略带透明的布料；卧室、卫生间等区域是每个居室空间最需要私密的部分，一般选用较厚的布料（见图 5-45）。

图 5-45　窗帘的设计与选择要注重保护隐私

5.4 床品布艺

床是卧室布置的主角，床上布艺在卧室的氛围营造方面具有不可替代的作用。床品除了具有营造各种装饰风格的作用外，还具有适应季节变化、调节心情的作用，比如，夏天选择清新淡雅的冷色调布艺，可以达到心里降温的作用；而冬天就可以采用热情张扬的暖色调达到视觉的温暖感；春、秋可以用色彩丰富一些的床上用品营造浪漫气息（见图5-46）。

图 5-46　床品布艺营造适合季节，产生不同的居室氛围

1. 选择床品需要注意的几个要点

（1）床上布艺一定要选择吸汗且柔软的纯棉质布料，纯棉布料有利于汗腺"呼吸"和身体健康，触感柔软，十分容易营造睡眠气氛，尤其儿童房，必须采用天然棉质床品（见图5-47）。

（2）如果房间不大，选用色调自然且极富想象力的条纹布制作床品，可以达到延伸卧室空间的效果（见图5-48）。

（3）床品的花色和色彩要遵从窗帘和地毯的系统，最好不要独立存在，哪怕是希望设计成撞色风格，色彩也要有一定呼应（见图5-49）。

图 5-47 天然棉质床品   图 5-48 条纹布制作床品   图 5-49 与窗帘呼应的床品

2. 床品布艺的分类

（1）欧式风格床品

欧式风格的床品多采用大马士革、佩斯利图案，风格上大方、庄严、稳重，做工精致。这种风格的床品色彩与窗帘和墙面色彩应高度统一或互补。而欧式风格中的意大利风格床品则由非常纯粹色彩的艺术化图案构成（见图 5-50）。

图 5-50 欧式风格床品

（2）田园风格床品

田园风格床品同窗帘一样，都由自然色和自然元素图案布料制作而成，而款式则以简约为主，尽量不要有过多的装饰（见图 5-51）。

图 5-51　田园风格床品

（3）中式风格床品

中式风格床品多选择丝绸材料制作，中式团纹和回纹都是这个风格最合适的元素，有时会以中国画作为床品的设计图案，尤其在喜庆的时候采用大红床品更是中式风格最明显的表达（见图 5-52）。

图 5-52　中式床品多以丝绸材料配中式图案为主

（4）东南亚风格床品

东南亚风格的床品色彩丰富，可以总结为艳、媚，多采用民族工艺织锦方式，整体感觉华丽热烈，但不落庸俗之列（见图 5-53）。

图 5-53 东南亚风格床品具有浓郁的民族特色

（5）现代风格床品

现代风格床品造型简洁，色彩方面以简洁、纯粹的黑、白、灰和原色为主，不再过多地强调复杂工艺和图案设计，有的只是一种简单的回归。图案多为素色或是几何、点、线、面的处理（见图5-54）。

图 5-54 简洁的现代风格床品

5.5 地毯布艺

如今室内装饰中地毯的软装效果越来越被重视，并且已经成为一种新的时尚潮流。选择一块儿与居室风格十分吻合的地毯可以起到画龙点睛的作用。当然，地毯除了具有很重要的装饰价值以外，还具有美学欣赏价值和独特的收藏价值，比如一块儿弥足珍贵的波斯手工地毯就足可传世。

1. 地毯在家居环境的功用

地毯以强烈的色彩、柔和的质感，给人带来宁静、舒适的优质生活感受，其价值已经大大超越了本身具有的地面铺材作用，地毯不仅可以让人们在冬天赤足席地而坐，还能有效地规划界面空间，有的地毯甚至还成为凳子、桌子及墙头、廊下的装饰物，除此以外，地毯还具有其他一些重要功能。

（1）地毯通过表面绒毛捕捉和吸附飘浮在空气中的尘埃颗粒，能有效改善室内空气质量。

（2）地毯拥有紧密透气的结构，可以吸收各种杂声，并能及时隔绝声波，达到隔音效果。

（3）地毯是一种软性材料，不易滑倒或磕碰，尤其适合家里有儿童、老人的家庭。

（4）地毯图案、色彩、样式越来越丰富和多样化，能帮助设计师完成对风格的诠释。

2. 地毯的种类

按材质地毯可分为纯羊毛地毯、真皮地毯、化纤地毯、藤麻地毯、塑料橡胶地毯等。

（1）纯羊毛地毯

高级羊毛地毯均采用天然纤维手工织造而成，具有不带静电、不易吸尘土的优点，由于毛质细密，受压后能很快恢复原状，纯羊毛地毯图案精美，色泽典雅（见图5-55）。

（2）真皮地毯

一般指皮毛一体的真皮地毯，例如，牛皮、马皮、羊皮等，使用真皮地毯能让空间具有奢华感，为客厅增添浪漫色彩，真皮地毯由于价格昂贵兼具收藏价值，尤其地毯上制有图案的刻绒地毯更能保值（见图5-56）。

图 5-55　纯羊毛地毯　　　　　　　　　　图 5-56　真皮地毯

（3）化纤地毯

分为尼龙、丙纶、涤纶和腈纶4种，尼龙地毯的图案、花色类似纯毛，由于耐磨性强、不易腐蚀、不易霉变的特点最受市场欢迎，但缺点是阻燃性、抗静电性差（见图5-57）。

（4）藤麻地毯

藤麻是乡村风格最好的烘托元素，是一种具有质朴感和清凉感的材质，用来呼应曲线优美的家具、布艺沙发或者藤制茶几，效果都很不错，尤其适合乡村、东南亚、地中海等亲近自然的风格（见图5-58）。

（5）塑料橡胶地毯

也是极为常见和常用的一种，它具有防水、防滑、易清理的特点，通常置于门口及卫浴间（见图5-59）。

图 5-57　化纤地毯　　　　　　　图 5-58　藤麻地毯　　　　　　图 5-59　塑料橡胶地毯

3. 家居环境的地毯选用

软装设计师在选择地毯时，必须从室内装饰的整体效果入手，注意从环境氛围、装饰格调、色彩效果、家具样式、墙面材质、灯具款式等多方面考虑，同时还要从地毯工艺、材质、造型、色彩图案等多方面着重考虑。

（1）首先，需要注意的是地毯铺设的空间位置，要考虑地毯的功能性和脚感的舒适度，以及防静电、耐磨、防燃、防污等方面因素，购买地毯时应注意室内空间的功能性。

（2）地毯的大小根据居室空间大小和装饰效果而定，比如在客厅中，客厅面积越大，一般要求沙发的组合面积也就越大，所搭配的地毯尺寸也应该越大。地毯的尺寸要与户型、空间的大小、沙发的大小和餐台的大小匹配。

①客厅地毯

在客厅中间铺一块儿地毯，可拉近宾主之间的距离，增添富贵、高雅的气氛。客厅地毯的长、宽可以将沙发组合后的长、宽作为参考，一般以地毯长度 = 最长沙发的长度 + 茶几长度的一半为佳，而面积在 20 平方米以上的客厅，地毯就最好不小于 1.6 米 x2.3 米大小（见图 5-60）。

图 5-60　客厅地毯

②玄关地毯

以门宽为大小控制底线（见图 5-61 和图 5-62）。

图 5-61　方形玄关地毯　　　图 5-62　圆形的玄关地毯

③餐桌下地毯

可强化用餐区域与客厅的空间划分，餐桌下的地毯不要小于餐桌的投影面积，以餐椅拉开后能正常放置餐椅为度（见图5-63）。如果家里有小孩子，一般情况下不建议餐厅放地毯。

图 5-63　餐厅地毯

④书房桌椅地毯

可平添书香气息，在阅读时增加脚感的舒适度，从而减轻疲劳感（见图5-64）。

⑤床前地毯

有拉伸空间的效果，并可方便主人上下床。卧房的床前、床边可在床脚压放较大的块毯，长度以床宽加床头柜一半长度为佳（见图5-65、图5-66）。

图 5-64　与书房协调的地毯　　　　图 5-65　长方形主卧地毯　　　　图 5-66　圆形地毯增加活波感

⑥儿童房地毯

在儿童房铺一张长方形化纤地毯，可方便孩子玩耍，一家人尽享天伦之乐（见图5-67、图5-68）。

图 5-67　儿童房长方形地毯

图 5-68　取暖加情趣异形地毯

⑦厨卫地毯

在厨卫间铺设地毯则主要是为了防滑（见图 5-69、图 5-70）。

图 5-69　厨房长方形防滑毯

图 5-70　卫生间防滑毯

（3）地毯图案色彩需要根据居室的室内风格确定，基本上应该延续窗帘的色彩和元素，另外，还应该考虑主人的个人喜好和当地风俗习惯。地毯根据风格可以分为现代风格、东方风格、欧式风格等几类。

①现代风格地毯

多采用几何、花卉、风景等图案，具有较好的抽象效果和居住氛围，在深浅对比和色彩对比上与现代家具有机结合（见图 5-71）。

图 5-71　现代风格地毯

②东方风格地毯

图案往往具有装饰性强、色彩优美、民族地域特色浓郁的特点，比如，梅兰竹菊、岁寒三友、五福图、平安吉祥等题材，配以云纹、回纹、蝙蝠纹等图案，这种地毯多与传统的中式明清家具相配（见图5-72）。

图 5-72　东方风格地毯

③欧式风格地毯

多以大马士革纹、佩斯利纹、欧式卷叶、动物、建筑、风景等图案构成立体感强、线条流畅、节奏轻快、质地淳厚的画面，非常适合与西式家具相配套，能打造西式家庭独特的温馨意境和不凡效果（见图5-73）。

图 5-73　欧式风格地毯

课后作业

背熟布艺环节的搭配口诀，熟悉并掌握纺织品的材质、工艺以及风格，并了解各种布艺的搭配技巧，根据色彩理论知识和布艺搭配技巧独立完成3组风格布艺小品搭配，要求图文并茂、内容完整。

第 6 章
软装设计之元素——
花艺、画品、饰品

6.1 花艺

6.1.1 家庭绿化和花艺装饰

花艺是装点生活的艺术，讲究与周围环境的协调融合。软装设计师需要将花草、植物搭配起来，创造出一幅幅艺术场景。

1. 家庭花艺的主要功能

（1）柔化空间，增添生气

树木绿植的自然生机和花卉千娇百媚的姿态，给居室注入了勃勃生机，使室内空间变得更加温馨自然，它们不但柔化了金属、玻璃和实木组成的室内空间，还将家具和室内陈设有机地联系起来（见图6-1）。

（2）组织空间，引导空间

采用绿植陈设空间，可以分隔、规划、填充空间界面；若用花艺分隔空间，可使各个空间在独立中见统一，达到似隔非隔、相互融合的效果（见图6-2）。

图6-1 花艺与家居陈设相互融合

图6-2 花艺起到划分空间的功能

（3）抒发情感、营造氛围

室内绿化和花艺陈设可以反映出主人的性格和品位。比如室内装饰的主题材料为松，则表现了主人坚强不屈、不怕风雪严寒的品质；以竹为主题材料，则表现的是主人谦虚谨慎、高风亮节的品格；以梅花为主题材料，则可表现主人不畏严寒、纯洁高尚的品格；以兰为主题，则能表现主人格调高雅、超凡脱俗的性格（见图6-3、图6-4）。

图6-3　以梅花为主题的花艺表现了
主人高尚的品格

图6-4　向阳花搭配的中式陈设
体现了主人高雅的品味

（4）美化环境，陶冶性情

植物经过光合作用后可以吸收二氧化碳，释放出氧气，在室内合理摆设，能营造出仿佛置身于大自然之中的感觉，可以起到放松精神、缓解生活压力、调节家庭氛围、维系心理健康的作用（见图6-5）。

图6-5　绿植仿佛将人带入大自然当中

2. 空间花艺布置原则和技巧

（1）空间花艺布置原则

设计师在进行家居花艺陈列设计时，需要遵循在不同的空间中进行合理、科学的"陈列与搭配"的设计原则，目的是打造一种温馨幸福的生活氛围。家居空间花艺均有一定的设计原则，在空间、风格、技巧、创意等方面进行主体设计的基本原则如下。

①从空间"局部—整体—局部"角度出发；保持室内空气清新；对室内家居进行空间结构规划。

②针对家居的整体风格及色系，进行花艺的色彩陈列与搭配（见图6-6）。

图 6-6　花艺与家居风格协调统一

　　③必须懂得运用花艺设计的技巧，将家居花艺的细节贯穿于室内设计，保持整体家居陈设的统一协调（见图 6-7、图 6-8、图 6-9）。

图 6-7　浓艳的花艺表现了西方　　　图 6-8　花艺使居室更高雅　　　图 6-9　独具意蕴的东方风格插花
　　　　　风格的热情

　　④要进行主体创意，使花艺与陶瓷、布艺、地毯、画品、家具拥有连贯性，在美化家居环境的同时，提升家居陈设质量（见图 6-10）。

图 6-10　创意插花可为居室陈设的点睛之笔

3. 空间花艺布置技巧

（1）客厅

作为会客、家庭团聚的场所，客厅适宜陈列色彩较大方的插花，摆放位置应该在视觉较明显区域，可表现主人的持重与好客，使客人有宾至如归的感觉，这是家庭和睦温馨的一种象征。如果是在夏季，也可以陈列清雅的花艺作品，给人增添无比的凉意（见图6-11）。

图6-11　客厅中插花效果要使人感到清雅大方、亲切自然

（2）餐厅

插花以黄色配橘色、红色配白色等有助于促食欲的花色为宜，不宜选太艳丽的花朵。以鲜花为主的插花，可使人进餐时心情愉快，增加食欲。

选择餐桌花卉时，需注意桌、椅的大小、颜色、质感及桌巾、桌布、餐具等整体的搭配，一定要注意色彩的呼应，另外要注意花型大小以不妨碍对座视线的交流为原则（见图6-12）。

图6-12　有效的餐厅插花有助于促进食欲

（3）书房

插花点到为止最好，不可到处乱用，应该从总体环境气氛考虑才能称得上点睛之笔。插花也不必拘泥于以往的框框，不一定只是桌上、台上才能摆花，墙面、屋角等都可利用。但不可过于热闹抢眼，否则会分散注意力，打扰读书学习的宁静（见图6-13）。

图 6-13　书房插花作品应简洁明快，使阅读环境更加清新雅致

（4）卧室

以单一颜色为主较好，花朵杂乱不能给人"静"的感觉，具体需视居住者不同情况而定。中老年人的卧室，以色彩淡雅为主，赏心悦目的插花可使中老年人心情愉快；年轻人，尤其是新婚夫妇的卧室不适合色彩艳丽的插花，而淡色的一簇花可象征心无杂念、纯洁永恒的爱情（见图 6-14）。

图 6-14　卧室插花在色彩上应根据年龄的不同而定

（5）厨房

原则是"无花不行，花太多更不行"。因为厨房一般面积较小，且是全家空气最污浊的地方，所以需要选择那些生命力顽强、体积小，并且可以净化空气的植物，如吊兰、绿萝、芦荟。摆设布置宜简不宜繁，值得注意的是，厨房不宜选用花粉太多的花，以免开花时花粉散入食物中（见图6-15）。

图6-15 厨房中摆放白色或黄色的花艺，立刻显现出生机勃勃的灵动感

（6）卫生间

浴室内湿度高，放置真花真草的盆栽十分适合，湿气能滋润植物，使之生长茂盛，增添生气（见图6-16）。

图6-16 在洗脸盆旁边放上一盆小花，会使这个宁静的空间顿时生动起来

6.1.2 不同风格插花的重点

1. 东方风格插花重点

（1）使用的花材不求繁多，梅、兰、竹、菊为主，只需插几枝便自达画龙点睛的效果。造型多运用枝条、绿叶来勾线、衬托。例如，银柳、八角金盘、一叶兰、龙柳枝等（见图6-17）。

（2）形式追求线条构图的完美和变化，崇尚自然，简洁清雅，遵循一定原则，但又不拘于一定形式。

（3）用色朴素大方，清雅脱俗，一般只用2~3色，简洁明了。对色彩的处理较多用对比色，特别是利用容器的色调来反衬（见图6-18）。

图 6-17　造型简洁的东方插花

图 6-18　东方风格插花多以梅、兰、竹、菊为题材

2. 西方风格插花重点

（1）用花数量大，有繁盛之感，一般以草本花卉为主，例如，香石竹、扶郎花、百合、月季、马蹄莲等（见图 6-19）。

（2）形式注重几何构图，比较讲究对称的插法，有雍容华贵之态。常见形式有半球形、椭圆形、金字塔形和扇面形等大堆头形状，亦有将花插成高低不一的不规则变形插法。

图 6-19　大堆头的西方插花风格

（3）力求采用浓重艳丽的色彩营造出热烈、豪华、富贵的气氛。较多采用一件作品几个颜色，多种花色相配的方法。每个颜色组合在一起，形成多个彩色块面，因此有人称其为色块的插花；或者，将各花色混插在一起，创造出五彩缤纷的效果（见图 6-20）。

图 6-20　色彩绚丽的西方风格插花

6.1.3　花艺设计实际操作

1. 简约风格插法

步骤一：兰叶优雅的线条搭配纯洁白皙的花毛兰成束扎好。

步骤二：放入半圆形简约风格的瓷盆里。

步骤三：层叠的组合，现代简约风格的插法（见图 6-21）。

图 6-21　简约风格插法

2. 中西合璧风格插法

步骤一：欧风华丽的花盆填上花泥备用。

步骤二：三叉木直立插作，高低错落。

步骤三：仿真过胶蝴蝶兰高低布局于三叉木间。

步骤四：高贵牡丹错落于盆中，底部以绿色绣球花铺底，扎实且落落大方（见图 6-22）。

图 6-22 中西合璧风格插法

3. 日式风格插法

步骤一：U 形简洁瓷瓶是日式风格插画花器的较佳选择。

步骤二：因瓶口较小，故选择枝条较细的花材，为便于固定刚草缠绕交错于瓶口。

步骤三：大花葱兰、洋牡丹花苞插于瓶中，显得清雅宜人。

步骤四：以不同的颜色做背景，可体现不同的氛围（见图 6-23）。

图 6-23 日式风格插法

6.1.4 现代插花赏析

现代插花赏析见图 6-24。

图 6-24 现代插花

图6-24　现代插花（续）

6.2　画品

6.2.1　中国画

中国画，简称"国画"，作为我国琴棋书画四艺之一，具有悠久的历史。在中国古代没有给中国画确定名称，一般称之为"丹青"，并且主要是绘制在绢、帛、宣纸上，再进行装裱的卷轴画。从中国画的作画方式、手法和题材方面，能总结出中国画的一些特点。

在作画方式上，中国画的表现形式重神似不重形似，"气韵生动"是中国绘画的精神所在，强调观察总结，不强调现场临摹；运用散点透视法，不用焦点透视法，重视意境不重视场景。在作画题材上，中国画主要有人物、花鸟、山水3种，分为工笔和写意两种形式（见图6-25~图6-28）。

图6-25 吴昌硕《牡丹水仙图》　图6-26 郎世宁《平安春　图6-27 齐白石《鸭　图6-28 王原祁《仿黄
　　　　　　　　　　　　　　　信图》绢本　　　　　子庙铁棚屋贝叶草　公望徒嶐密林图》纸本
　　　　　　　　　　　　　　　　　　　　　　　　虫图》

中国画的展现方式有以下几种。

1. 手卷

作为中国绘画的基础展现形式，"手卷"短的有四五尺，长的可以至几十米。手卷字画通过下加圆木作轴，把字画卷在轴外的形式，将手绢花装裱成条幅，便于收藏。把画裱成长轴一卷，就称为手卷中的"长卷"，多是横看，而画面连续不断，绘画长卷多表现宏大的社会叙事题材，其作品有着"成教化，助人伦"的社会教育功效（见图6-29）。

图6-29 《清明上河图》局部

2. 中堂

中堂是中国书画装裱样式中立轴形制的一种，是随中国古代厅堂建筑的发展演变逐渐形成的较大尺寸的画幅，因主要悬挂于房屋厅堂而称"中堂"。中堂形制的书画作品不仅幅面阔，而且显得格外高大，纵和横的比例为2.5∶1或者3∶1甚至达到4∶1，是中国绘画的室内主要展现形式。清代初期，在厅堂正中背屏上大多悬挂中堂书画，两侧配以堂联，渐为固定格式，直至今日（见图6-30）。

图 6-30　中堂

3. 扇面

扇面画是将绘画作品绘制于扇面的一种中国画门类。从形制上分，圆形叫团扇，盛行于宋代；折叠式的叫折扇，明代时期成为扇面画的顶峰时期。扇面画的装裱形式还可以分为：在折扇或圆扇上直接题字或绘画；在团型纸本或绢本上写字作画，再取来装裱，这种方式可称压镜装框；因为圆形或扇形的形式美丽，所以也有人将绘制好的画面剪成圆形或扇形，然后装裱的，也别具风格（见图 6-31）。

4. 册页

也称为"页子"，是受书籍装帧影响而产生的一种装裱方式，宋代以后比较盛行，专门用于小幅书画作品。册页一般有正方形、长方形、竖形或横形，其大小尺寸不等，将多页字画装订成册，成为册页。在展示上，册页与手卷极为相似，便于欣赏和收藏、保存，历来备受艺术家青睐。中国古代官员上奏朝廷的奏折也是这种形式（见图 6-32）。

图 6-31　扇面

图 6-32　册页

5．屏风

屏风是一种室内陈设物，主要起到挡风或屏障作用，多与中国传统环境玄学有关，而画在屏风上的画，称为屏风画或屏障画，也有将其称为画屏图障的。最早的屏风其实是宫廷用具，是用于展现天子威严的象征物，魏晋时期，屏风才进入贵戚士族人家中，从此屏风画也由此盛行起来（见图6-33）。

图6-33　传统屏风

6.2.2　西方绘画

西方绘画，简称西画，包括油画、水粉、版画、素描等画种，最早的西画也是源自原始壁画，在漫长的中世纪里，壁画一直作为宗教的艺术的存在，而西方绘画中，油画作为最重要的一种门类长期存在，甚至很多时候人们将油画当作西方绘画的代名词，但是，无论哪种形式的西方绘画，基本上都具有以下特点。

在作画方式上，西方绘画作为一门独立的艺术，画家从科学的角度来探寻造型艺术美的根据，不仅以模仿学说作为传统理论的主导，也加入了透视学，重点分析和阐释事物的具象和抽象形式。在作画题材上，西方绘画题材多样，有描述上流社会生活场景的作品，也有描绘一般景物的作品。

1．油画的装裱方式

油画的装裱方式主要有无框和有框两种，两种方式的装裱要根据画的内容和技法确定，一般简约风格的画作以采用无框形式为主，而古典风格的画作一般采用有框形式。

（1）外框画

外框的适当运用相对于油画而言，可起到画龙点睛的作用，所谓"三分画七分裱"，这个理论在西方画种中也一样适用。小小一个画框，综合了个性、人文、传统、装饰学等一系列的知识（见图6-34）。

（2）无框画

无框画没有外框，利用内框支撑，将油画布面像绷鼓面一样紧绷于内框上，画布边包裹内框，将内框隐藏在画后面。因为表面看不到画框，所以叫无画框。无框画多用于现代装饰设计当中（见图6-35）。

图6-34　外框画　　　　　　　　　　　　　图6-35　无框画

2. 油画的风格选配

（1）色彩搭配

色彩上和室内的墙面、家具有呼应，不显得独立。假如是深沉稳重的家具式样，画就要选与之协调的古朴素雅的画作；若是明亮简洁的家具和装修，最好选择活泼、温馨、前卫、抽象的画作。

（2）画品质量

尽量选择手绘油画，现在市场有印刷填色的仿真油画，时间长了会氧化变色，一般从画面的笔触就能分辨出：手绘油画的画面有明显的凹凸感，而印刷的画面平滑，只是局部用油画颜料填色（见图6-36、图6-37）。

图6-36　手绘油画　　　　　　　　　　　　图6-37　印刷油画

（3）风格搭配

居室内最好选择同种风格的装饰油画，也可以偶尔使用一两幅风格截然不同的装饰油画做点缀，但不可太乱。另外，装饰油画特别显眼，同时风格十分明显，具有强烈的视觉冲击，最好按其风格来搭配家具、靠垫等（见图6-38）。

图 6-38　画品与家居色彩统一

6.2.3　画品在空间中的应用

在画品的选择、挂画技巧和空间搭配上都有在一定规则可循，那么如何选画？如何挂画？如何进行空间搭配呢？

1. 选画

选画的时候可以根据家居装饰风格来确定画品，主要考虑画的风格种类，画框的材质、造型，画的色彩等方面因素。

（1）如何确定画品风格

中式风格空间，可以选择书法作品、国画、漆画、金箔画等（见图6-39）；现代简约风格空间，可以搭配一些现代题材或抽象题材的装饰画（见图6-40）；时尚风格空间，可配抽象题材的装饰画；田园风格空间，可配花卉或风景等；欧式古典风格空间，可配西方古典油画。

图 6-39　中式的空间，配上有意境的水墨作品，　　　　图 6-40　不同风格的挂画
　　　　　空间顿时有些淡雅、致远的意境

（2）如何确定画品边框材质

现在流行的装饰画材质多样，多木线条、聚氨酯塑料发泡线条、金属线框等，可根据实际的需要搭配，一般星级酒店和别墅都会采用木线条画框配画，框条的颜色还可以根据画面的需要进行修饰。

（3）如何确定画品色彩、色调

装饰画的色彩要与环境主色调进行搭配，一般情况下色彩对比不能太过于强烈，也忌讳画品色彩与室内配色完全孤立，要尽量做到色彩的有机呼应，最好的办法是画品色彩要从家具中提取，而点缀的辅色可以从饰品中提取（见图6-41）。

图6-41　画品的色彩从家具及室内主色调中提取，其点缀的辅色与饰品颜色相呼应

（4）如何确定画品数量

画品选择坚持"宁多勿少、宁缺毋滥"的原则，在一个空间环境里形成一两个视觉点就够了。如果在一个视觉空间里，同时要安排几幅图，必须考虑它们之间的疏密关系和内在的联系，关系密切的几幅画可以按照组的形式排列（见图6-42）。

图6-42　画品摆放

2. 挂画

挂画的方式正确与否，直接影响到画作的情感表达和空间的协调性。

（1）挂画首先应选择好位置，画要挂在引人注目的墙面或者开阔的地方，避免挂在房间的角落或者有阴影的地方。

（2）挂画的高度还要根据摆设物而定，一般要求摆设的工艺品高度和面积不超过画品的1/3，并且不能遮挡画品的主要表现点。

（3）挂画可以控制高度，控制挂画高度是为了便于欣赏，可以根据画品大小、种类、内容等实际情况来进行操作。

①根据"黄金分割线"来挂画。距离地面140厘米的水平位置就是挂油画的最佳位置（见图6-43）。

②以主人的身高作为参考，画的中心位置以在主人双眼平视高度再往上100~250毫米的高度为宜，这个高度不用抬头或低头，为最舒服的看画高度。

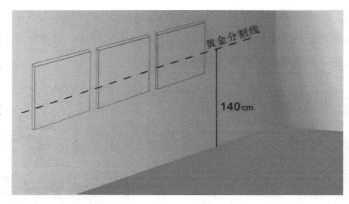

图6-43 将画作按照垂直方向分为8份，从上往下5/8处就是所说的"黄金分割线"

③一般最适宜挂画的高度是画的中心离地面1.5米左右的高度，这样欣赏起来最惬意。

当然，这些都是大众标准，实际操作中需要根据画品种类、大小和空间环境的不同进行调整，不断调试，进行适当的高度调节，使看画更直接、更舒服。

3. 不同空间的画品陈设

（1）客厅配画

客厅是家居主要活动场所，客厅配画要求稳重、大气，从中国传统理论来讲，客厅的装饰摆设会影响到主人的各种运势，所以客厅配画需要非常注意各种因素的把握。

第一，从风格上讲，古典装修以风景、人物、花卉题材画作为主，比如中国古典主义的装饰风格应挂一些卷轴、条幅类的中国书法作品、水墨绘画；如是欧洲古典主义风格或是新古典主义的简欧风格，则挂一些各种材料画框的油画、水粉水彩画；现代简约装修就可以选择现代题材的风景、人物、花卉或抽象画（见图6-44、图6-45）。

图6-44 沉稳大气的中式风格的山水画

图6-45 抽象的现代风格装饰画

　　第二，可以根据主人的特殊爱好，选择一些特殊题材的画，比如喜欢游历的人可挂一些内容为名山大川、风景名胜的画；喜欢体育运动的朋友可以挂一些运动题材的画；喜欢文艺的朋友可以挂一些与书法、音乐、舞蹈题材有关的画（见图 6-46）。

图 6-46　根据主人的特殊爱好而选择的挂画

　　第三，客厅配画也要了解一些居家传统文化禁忌，主要以画来装点，营造祥和、热情、温暖的气氛。

　　第四，客厅挂画一般有两组合（60 厘米 ×90 厘米 ×2），三组合（60 厘米 ×60 厘米 ×3）和单幅（90 厘米 ×180 厘米）等形式，具体视厅的大小比例而定。一般以挂在客厅中大墙面墙上为宜（见图 6-47）。

图 6-47　客厅的单幅与多幅挂画组合方式

（2）书房配画

　　书房通常要凸显强烈而浓厚的文化气息，书房内的画作应选择静谧、优雅、素淡的风格，力图营造一种愉快的阅读氛围，并借此衬托出"宁静致远"的意境。用书法、山水、风景内容的画作来装饰书房永远都不会有画蛇添足之感，也可以选择主人喜欢的题材。另外，配以抽象题材的装饰画则能充分展示主人的独有品位和超前意识（见图 6-48）。

图 6-48　书房配画展示主人的品味并营造出阅读的氛围

（3）餐厅配画

餐厅是进餐的场所，在挂画的色彩和图案方面应清爽、柔和、恬静、新鲜，画面能勾人食欲，尽量体现出一种"食欲大增""意犹未尽"的氛围。

一般餐厅可配一些人物、花卉、果蔬、插花、静物、自然风光等题材的挂画，用以营造热情、好客、高雅的氛围，吧台区还可挂洋酒、高脚杯、咖啡具等现代化图案的油画（见图 6-49）。

图 6-49　产生食欲的餐厅配画

餐厅挂画，建议画的顶边高度在空间顶角线下 60~80 厘米，并以居餐桌中线为宜，而分餐制西式餐桌由于体量大，油画挂在餐厅周边壁面为佳。

餐厅画品尺寸一般不宜太大，以 60 厘米 ×60 厘米为宜，采用双数组合符合视觉审美规律（见图 6-50）。

图 6-50　餐厅挂画多幅更适宜

（4）玄关配画

玄关、偏厅，这些地方虽然不大，却往往是客人进屋后第一眼所见之地，是第一印象的焦点，可谓"人的脸面"，这类空间的配画应该注意以下几个方面。

第一，应选择抽象画或静物、插花等题材的装饰画，以展示主人优雅高贵的气质，或者采用门神等题材画作来预示某种愿望。

第二，从家居环境心理因素的角度来讲，要选择利于和气生财、和谐平稳的挂画。

第三，由于这类空间一般距离不大，建议画作不要太大，以精致小巧为宜。

第四，挂画高度以平视视点在画的中心或底边向上 1/3 处为宜（见图 6-51 和图 6-52）。

图 6-51　打眼的玄关配画

图 6-52　玄关配画多展现了主人的气质和品味

（5）卧室配画

卧室是个人生活私密性最强的空间，也是美妙梦境、异想天开的温床，同时还是嫁接现实与梦想的催化剂。卧室的装饰画当然需要体现"卧"的情绪，并且强调与美感的统一。通过装饰画的色彩、造型、形象以及艺术化处理等，立体地显示出舒畅、轻松、亲切的意境。

卧室配画要突显出温馨、浪漫、恬静的氛围，以偏暖色调为主，如一朵绽放的红玫瑰、意境深远的朦胧画、唯美的古典人体等都是不错的选择。当然，也可以把自己的肖像、结婚照挂在卧室里，以增进情感（见图6-53）。

图6-53　温馨、浪漫的卧室配画

尺寸一般以50厘米×50厘米、60厘米×60厘米两组合或三组合，单幅40厘米×120厘米或50厘米×150厘米为宜。挂画距离以底边离床头靠背上方15~30厘米处或底边离顶部30~40厘米最佳，亦可在床尾挂单幅画。

（6）儿童房配画

儿童房是小孩子的天地，天真无邪，充满了幻想，充满了快乐，无拘无束。儿童房色彩要明快、靓丽，选材多以动植物、漫画为主，配以卡通图案；尺寸比例不要太大，可以多挂几幅；不需要挂得太过规则，挂画的方式可以尽量活泼、自由一些，营造出一种轻松、活泼的氛围（见图6-54）。

图6-54　色彩明快、搭配活泼的儿童房配画

（7）卫生间配画

卫生间一般面积不大，但是很重要。现在很多设计师或者业主对这个空间的重视程度不够，其实不能马虎。挂画可以选择清晰、休闲、时尚的画面，比如花草、海景、人物等，尺寸不宜太大，也不要挂太多，点缀即可（见图6-55）。

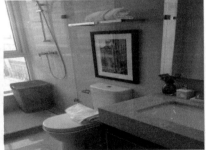

图6-55　简洁明朗的卫生间配画

（8）走廊或楼梯配画

走廊和楼梯空间很容易被人忽略掉，但其实这些空间非常重要，因为这些空间一般比较狭长，所以以3~4幅一组的组合油画或同类题材油画为宜。悬挂时可高低错落，也可顺势悬挂。复式楼或别墅楼梯拐角处宜选用较大幅面的人物、花卉题材画作（见图6-56、图6-57）。

图6-56　楼梯间配画　　　图6-57　走廊配画

119

6.3 饰品

装饰艺术品拥有独特的艺术表现力和感染力，是居室空间不可或缺的一部分，起到烘托环境气氛、强化室内空间特点、增添审美情趣、实现室内环境的和谐统一等重要作用，"小工艺大效果"正是工艺饰品的典型功能写照。

6.3.1 工艺品分类

1. 陶瓷工艺品

陶瓷的历史可以追溯到远古时期，如今，传统的陶瓷工艺品也有了新的发展，被注入了许多时尚的元素。平常说的陶瓷工艺品其实是两种门类的统称，即陶和瓷，它们有非常大的区别。从名称上来说，英文"china"是指瓷器，而非指陶瓷或陶器。

（1）中国陶瓷

"汝官哥钧定"作为中国陶瓷史上最具代表性的五大名窑，其艺术成就闻名于世、享誉海外（见图6-58、图6-59）。

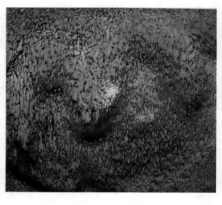 

图6-58　钧瓷　　　　　　　　　　　图6-59　汝瓷

①钧窑。钧瓷窑址在今河南省禹州市城内的八卦洞，享有"黄金有价钧无价""纵有家财万贯不如钧瓷一片"的盛誉，以独特的窑变艺术而著称于世，并被誉为中国"五大名窑"之首。

②汝瓷。汝瓷窑址在河南宝丰县清凉寺。汝瓷造型古朴大方，其釉如"雨过走晴云破处""千峰碧波翠色来"，"梨皮、蟹爪、芝麻花"是汝窑的特点，其被世人誉为"似玉、非玉而胜玉"。

③哥窑。哥窑是指传世的哥窑瓷，其窑址有已被发现的南宋杭州"乌龟山"和至今尚未发现的"修内司官窑"，釉为乳浊釉，釉色以灰青为主。以细碎的鱼子纹最为见长（见图6-60）。

④官窑。官窑专指官府经营的瓷窑，明、清时期景德镇为宫廷生产的瓷器也可以称为官窑瓷。官窑瓷多有冰裂纹，厚釉开大片纹，薄釉开小片纹，因为只为宫廷供奉使用，所以官窑存世量极少（见图6-61）。

⑤定瓷。定瓷窑址在河北曲阳涧磁村，其胎薄而轻、胎质坚硬、胎色洁白但不太透明. 口沿多不施釉，并以丰富多彩的纹样装饰而闻名，其中"白釉印花定瓷"由于工整素雅的特点，历来被视为陶瓷艺术中的珍品（见图6-62）。

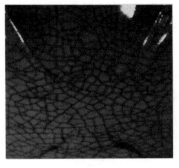 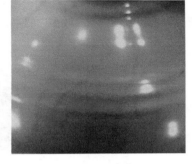 

图6-60 哥窑　　　　　　　　　图6-61 官窑　　　　　　　　　图6-62 定瓷

中国现代主要陶瓷产区：广东潮州（见图6-63）、浙江龙泉、瓷溪（见图6-64）、江西景德镇（见图6-65）、福建德化（见图6-66）、广东佛山（见图6-67）、江苏宜兴（见图6-68）、湖南醴陵（见图6-69）。

图6-63 广东潮州　　图6-64 浙江龙泉、瓷溪瓷器　　图6-65 景德镇陶瓷　　图6-66 福建德
　　陶瓷　　　　　　　　　　　　　　　　　　　　　　　　　　　　　　　化的瓷器

图6-67 广东佛山的瓷器　　　　图6-68 宜兴紫砂壶　　　　　图6-69 醴陵瓷器

（2）外国陶瓷

源自于中国的古老瓷器在古董市场上风光依旧，在国际高端市场上的现代瓷却名不见经传，甚至沦为廉价的日常用品，相反，受中国影响很深的欧洲瓷器却成为了顶级产品的主流，其中还有不少是和LV、CHANEL 齐名的奢侈品牌。它们中有专供皇室使用而制造的，也有限量版进入了博物馆珍藏的。在收藏家眼中，它们的升值潜力不亚于古董和名画，而在收藏迷眼中，它们的价值绝不低于豪宅和名车（见图 6-70~ 图 6-71）。

图 6-70　法国五星级酒店套间内的
中国青花

图 6-71　收藏于法国卢浮宫内的各种
瓷器

图 6-72　法国爱马仕 (Hermes)
骨瓷餐具

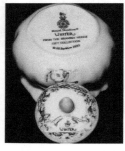

图 6-73　"ROYAL
DOULTON" 瓷罂

图 6-74　西班牙雅
致瓷器

2. 树脂工艺品

人们常说的树脂其实可以分为天然树脂和合成树脂两大类。天然树脂有松香、安息香等；合成树脂有酚醛树脂、聚氯乙烯树脂等。在全球自然资源日趋紧张的今天，环保的人工树脂作为新材料被广泛应用，这为人们的生活带来了非常多的惊喜。

树脂由于可塑性好，可以被任意塑造成动物、人物、卡通等形象，以及反映宗教、风景、节日等主题花园流水造型、喷泉造型等的工艺品，树脂几乎没有不能制作的造型。

树脂产品在价格上非常具有竞争优势，在"轻装修、重装饰"的现代装修理念下，需要大量的工艺品，而树脂产品恰恰可以满足这一需求（见图 6-75）。

图 6-75　合成树脂工艺品

3. 玻璃、水晶、琉璃工艺品

（1）玻璃工艺品

具有灵巧、环保、实用的材质特点，还具有色彩鲜艳的气质特色，适用于室内的各种陈列（见图6-76）。

（2）天然水晶工艺品

天然水晶是一种颇受人们喜爱的宝石，它和玻璃的外观十分相似，但却是两种完全不同的物质。在现代的工艺制品中多被冠以玄学理念，这方面设计师要仔细分辨，合理利用（见图 6-77）。

图 6-76　Saint Louis 经典款彩色水晶杯　　　图 6-77　天然水晶工艺品

（3）人造水晶工艺品

人造水晶其实是在普通玻璃中加入 24% 的氧化铅得到的一种亮度和透明度与天然水晶非常类似的晶体，现在高端的人造水晶全部采用无铅技术，造就了众多世界品牌，如摩瑟（MOSER)、施华洛世奇（SWAROVSKI）、巴卡拉（BACCARAT）、圣路易（SaintLouis）、珂丝塔（KOSTABOOA）等（见图 6-78）。

（4）水晶玻璃工艺品

水晶玻璃介于水晶与玻璃之间，同样采用纯手工的技法，把天然无铅的玻璃原料打造成水晶般高级工艺饰品，但它并不是水晶产品。产自捷克的 24K 镀金水晶玻璃工艺品是这一领域最好的典范（见图6-79）。

图 6-78　人造水晶杯

图 6-79　水晶玻璃工艺品

4. 金属工艺品

用金、银、铜、铁、锡、铝、合金等材料或以金属为主要材料加工而成的工艺品统称为金属工艺品。金属工艺品风格和造型可以随意定制，以流畅的线条、完美的质感为主要特征，几乎适用于任何装修风格的家庭（见图 6-80、图 6-81、图 6-82）。

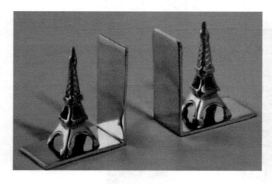

图 6-80　金属书立图

图 6-81　金属摆件

图 6-82　金属灯具

5. 木制工艺品

从古至今，木制工艺品由于材质稳定性好、艺术性强、无污染且极具保值性，深受人们的喜爱和推崇。传统木制工艺品主要以浮雕为主，匠人们采取散点透视、鸟瞰式透视等构图方式，创作出布局丰满、散而不松、多而不乱、层次分明、主题突出、故事情节性强的各种题材作品。木制工艺品已经不仅仅是手工雕刻的一种技艺了，可分为如下几类。

从制作工艺上来分，可分为纯手工制作、机器制作、半机器半手工制作几类。

从产品用途上来分，可分为木纸巾盒、木首饰盒、相框、镜框、木质玩具、礼品盒、家居摆挂饰、挂钟、花盆容器、术雕工艺品、木制灯等（见图 6-83、图 6-84）。

图 6-83 花梨木制成的
工艺品

图 6-84 实木浮雕工艺品

6.3.2 客厅饰品

1. 客厅饰品

客厅在人们日常生活中使用最为频繁，它集会客、娱乐、进餐等功能于一体，是整间屋子的中心。客厅的陈列饰品必须有自己的独到之处，也就是要彰显个性，通过软装配饰来表现"个性差异化"是最好的方式，合适的工艺品，如字画、坐垫、布艺、摆件等，都能展现出主人的身份地位和修养。

客厅风格不同，选择的饰品也各不相同。

（1）新古典主义风格客厅的饰品选择

新古典主义客厅在选择饰品时，要选择符合硬装和家具主基调的饰品，所选饰品从简单到繁杂，从整体到局部，都要给人一丝不苟的印象。动物皮毛、白钢、古罗马卷草纹样的饰品，都可以将浪漫的古典情怀与现代人的精神需求相结合（见图 6-85）。

图 6-85 新古典主义风格客厅的饰品

（2）美式风格客厅的饰品选择

美国人喜欢有历史感的东西，在装修上偏爱各种仿古墙地砖、石材，在软装摆件上亦喜爱仿古做旧的艺术品，在客厅装饰物的选择上更能凸显这一特点。还要重点提出的是，在美式宽敞而富有历史气息的客厅空间里，画是极具代表性的元素，它们具有独特的乡村气息，只需看上一眼，自由奔放、温暖舒适的感觉就会涌上心头。有关于动物、植物等自然元素的布艺小饰品，是对美式风格的最好诠释（见图 6-86）。

图 6-86　美式风格客厅的饰品

（3）新中式风格客厅的饰品选择

新中式风格客厅选择饰品时，最大的特色就是耐看，百看不厌，所选择的饰品要在符合主色调的基础上，尽量将现代元素和传统元素结合在一起，以现代人的审美需求来打造富有传统韵味的"现代禅味"。再有，中式风格的客厅家具多用木桌、木椅，为了摒除木桌的单调乏味，经常会在桌面上覆一条纹饰精美的桌旗，这种饰品一般由上等的真丝或棉布做成，让人感受到古老而神秘的东方文化（见图 6-87）。

图 6-87　新中式风格客厅的饰品

（4）现代风格客厅的饰品选择

现代风格客厅选择饰品时，要遵循简约而不简单的原则。这种风格配饰尤其要注重细节化，因为在这种风格设计中，饰品数量不多，每件饰品都弥足珍贵。现代风格的客厅家具多以冷色或者具有个性的颜色为主，饰品通常选用金属、玻璃等材质，花艺花器尽量以单一色系或简洁线条为主（见图 6-88）。

图 6-88　现代风格客厅的饰品

选择客厅配饰的小窍门如下。

（1）不同风格的客厅，每一个细小的差别都能折射出主人不同的人生观、修养及品位，因此设计客厅时要用心，要独具匠心。

（2）墙上配上一幅与摆设和家具风格、色彩呼应的装饰画，整个客厅就灵动起来了。

（3）茶几上可摆放一些类似果盘、茶具、纸巾盒等既有装饰性又实用的摆件，再摆上一盆与壁画色彩、风格呼应的装饰花艺就可以点亮整个空间，给客厅增加温馨感。

（4）边几上放一盏与沙发风格统一的台灯，再配几个小相框即可。

（5）电视柜上摆上高低错落的摆件，增加层次感，颜色需与沙发配套的布艺一致。

（6）根据客厅体量和放置饰品的承载面大小来选择饰品，饰品只是点缀物，精则宜人，杂则繁乱（见图 6-89）。

图 6-89　饰品起到点缀室内空间的作用

6.3.3　餐厅饰品

餐厅是人们最常用的室内空间之一，在这个空间内的活动能很好地帮助人们增进感情，选择一套与空间设计风格相匹配的优质餐具，摆放一套璀璨的酒具，再搭配些精致的布艺软装，都能衬托出主人高贵的身份、高雅的爱好、独特的审美品位及高品质的生活状态（见图 6-90）。

图 6-90　餐厅饰品

　　一套造型美观且工艺考究的餐具可以调节人们进餐时的心情，增加食欲。餐具根据使用功能大致可以分为盘碟类、酒具类和刀叉匙三大类。

1. 盘碟类

　　餐具从功能上分为盘、水杯、杯碟、咖啡杯、咖啡壶、茶壶等。盘子在整个餐桌上具有领导作用，所以选择合适的餐盘是至关重要的。通常用的餐盘有 5 个尺寸，一般为直径 15 厘米的沙拉盘，直径 18 厘米、21 厘米的甜品盘，直径 23 厘米的餐盘及直径 26 厘米的底盘。餐盘虽然有不同的设计，但形状基本就是圆形、方形、椭圆形或者八边形等（见图 6-91）。

图 6-91　盘碟

2. 酒具类

　　我们这里说的酒具主要指的是西方酒具，一般西方酒具以玻璃器皿为主，主要包括各式酒杯及附属器皿、醒酒器、冰桶、糖盅、奶罐、水果沙拉碗等，玻璃器皿形状多种多样，可根据选择的家具风格、餐具款式进行挑选。

3. 刀叉匙类

　　西餐对刀叉的要求同样非常讲究，多以 18—19 世纪银匠传统的设计为工艺依据，结合现代设计的平实简单、富有现代感的形状制作，整体造型典雅、图案优美。

4. 餐厅其他配饰

　　餐厅工艺品主要包括花艺、水晶烛台、桌旗、餐巾环等，这些装饰品的加入能使空间形态丰富、生动起来。

（1）花艺

餐厅的花艺包括大型落地绿植和台面花艺，在选择餐桌花艺的时候，我们要根据餐厅风格来选择中式传统花艺，同时应该懂得各种花品代表的花语和花的体量大小（见图6-92）。

（2）烛台

烛台要根据所选餐具的花纹、材质来进行选择，一般同质同款的款式不会有大的纰漏（见图6-93）。

（3）桌旗

餐桌的桌旗是餐厅的重要装饰物，是能很快营造出氛围的法宝，色彩建议与餐椅互补或近似（见图6-94）。

图 6-92　花艺　　　　　　　图 6-93　烛台　　　　　图 6-94　桌旗

（4）糖罐

作为餐桌上的小装饰物，选择与餐具同款同质的会比较合理（见图6-95）。

（5）餐巾环

小小餐巾环能彰显餐桌的精致感，但不可乱用，因为品种多样的小环其实是有风格区分的，材质、花样、造型能与其他装饰品呼应的被视为最佳选择，比如与银器上的纹理呼应，再比如与餐巾的颜色呼应等（见图6-96）。

图 6-95　糖罐　　　　　　图 6-96　餐巾环

6.3.4 卧室饰品

所有空间中最为私密的地方无疑是卧室，软装设计师在布置这个空间的时候要充分分析主人的爱好，在满足主人喜好的基础上，创造各种风格环境。巧妙利用专属于卧室的饰品，能轻易地为卧室空间增添非常多的情趣和色彩。根据卧室风格不同，选择的饰品也要各具特色。

1. 新古典主义卧室的饰品选择

新古典主义卧室在选择饰品时，要求保留饰品的传统历史痕迹和文化底蕴，保留饰品的传统材质和色彩的大致风格；可以摒弃过于复杂的材质肌理和装饰雕刻，尽量采用简单元素（见图6-97）。

图6-97 新古典主义卧室的饰品

2. 美式风格卧室的饰品选择

自由、随意、休闲、浪漫和多元化是美式风格的重要特点，在饰品的选择上重视自然元素与欧罗巴的奢侈、贵气相结合；另外，实木类具有深厚文化感和贵气感的相框、小碎花床品、褐色的木质画框能凸显美式空间的纯正品格，铜质的台灯更能丰富了居住空间（见图6-98）。

图6-98 美式风格卧室的饰品

3. 新中式风格卧室的饰品选择

新中式风格是在传统中式风格中演化而来的，在选配新中式风格卧室饰品时，要在传统的中国黄、蓝、黑和深咖色中选择主色彩，但只能确定一种主色调。注意，不要过多采用中式传统的繁复形式进行装饰，点缀使用回纹等中式风格里经常出现的元素，就可以让卧室散发出古色古香的中式气氛。简单、恰到好处的配饰更能体现中式风格的典雅大方。

中式风格的装饰物中，绣墩是必不可少的家具，新古典风格中一个镀银的改良绣墩能让卧室突然提亮。卡其色是新中式卧室中抱枕和靠垫的最佳配色，与其他布艺花型统一也是非常重要的原则。木底座的圆形珊瑚摆件能体现中式的自然感和圆满感（见图6-99）。

图 6-99　新中式风格卧室的饰品

4. 现代简约风格卧室的饰品选择

现代简约是近年来非常流行的一种风格，在为此类卧室选配饰品时，要遵循其简约而不简单，宁缺毋滥的配饰原则。黑、白、灰是现代简约风格里常用的色调，无论采用哪种主色彩，都不得掺杂多余色彩。现代简约风格非常注重收纳性，除必要外露的装饰品外，能简化和收纳的一定不要过多地展现出来（见图6-100）。

图 6-100　现代简约风格卧室的饰品

6.3.5　书房饰品

书房饰品选择小窍门如下。

（1）书房需要配备的工作用途饰品有台灯、笔筒、电脑、书、书靠、时钟等。

（2）书房需要配备的装饰用途饰品有绿植、艺术收藏品、画、烛台、相框等。

（3）为了确保能集中精力学习、工作，书房配饰色彩建议不要太扎眼。

（4）饰品的摆放要求要上下、左右、里外、毗邻的两个空

图 6-101　书房的饰品

间互相连接，所有饰品的选择要有一定的系统性，使整个空间具备整体感，和谐统一（见图6-101）。

1. 新古典风格书房的饰品选择

锌合金制作的书柜，因为采用埃菲尔铁塔等古典元素设计，别有一种情调。陶瓷的天使宝宝，一定能勾起人们浓浓的爱意。不锈钢包边的贝壳镜框是新古典欧式中常用的装饰品。书籍是书房内必不可少的装饰物，要根据房间装饰类别选择同种风格的书籍样式（见图6-102）。

图6-102 新古典风格书房饰品

2. 美式风格书房的饰品选择

为美式风格书房选择饰品时，要表达一种淡然的乡村风情，强调"回归自然"的特质，采用美式做旧饰品是不错的选择。美式风格营造的是一种休闲、淡雅、小资的氛围，因此陈设品在数量上宜多不宜少，空闲的位置要记得用饰品充实。在饰品的陈列上要注意构建不同的层次，重在营造历史的沉淀和厚重感，比如，落地的大叶植物与精致的桌面小盆景搭配，小烛台和半高台灯搭配。在颜色和主题上，美式书房饰品以采用自然色和自然主题为主（见图6-103~图6-106）。

图 6-103　书房饰品陈设

图 6-104　老式收音机

图 6-105　铜制的望远镜

图 6-106　小鸟元素的靠包

3. 新中式风格书房的饰品选择

新中式风格的书房在饰品选择上，首选是传统的摆件，如文房四宝、瓷器、画卷、书法、茶座、盆景（盆景宜选用松柏、铁树等矮小、短枝、常绿、不易凋谢的植物）和带有中式元素（如花、鸟、鱼、虫、龙、凤、龟、狮等图案）的摆件，这些深具文化韵味和独特风格的饰品，最能体现中国传统家居文化的独特魅力。中式风格饰品在陈列时候尤其要注意呼应性，中式讲究合美原则，例如，漂流木的摆件和装饰花艺相呼应，陶瓷的罐子和具有节奏感的花艺相搭配，能使整个书房充满韵律。书柜内书的摆放要横、立相结合。选择饰品时要注意材质不宜过多，颜色也不要太多。

总之，空间既不要过多留白，又不能过度拥挤，恰到好处是中式风格设计的重要原则。

鸟笼装饰是中式风格书房的特色装饰品。在书架上、案台上摆放几本古书，是中式风格的点睛之笔。一些极具中式符号的装饰物，可以填充书柜和空余空间。古典的茶器是中式风格书房的必备物件。树脂镀银制作的荷花摆件，是新中式最好的表现物（见图6-107）。

图 6-107　新中式风格室内饰品

4. 现代风格书房的饰品选择

现代风格书房饰品的基本特点是简洁、实用，在选择饰品时，要求少而精。不同材质、同样色系的艺术品在组合陈列上进行有机搭配，在不同位置运用灯光的光影效果，会产生一种富有时代感的意境美。

在现代风格的书房，金属材质的书靠，造型简洁，具有时代气息。现代风格的书桌上，简洁的相框是必不可少的装饰品。书桌上的雕塑是整个空间的点睛之笔，纯色加上流畅的线条和富有设计感的造型，点亮了整个空间（见图6-108）。

图 6-108　现代风格书房的饰品

6.3.6　厨、卫饰品

1. 厨房饰品选择小窍门

（1）实用性与美观性并重，饰品风格要依据餐厅的风格进行配置，避免出现风格上的断层。

（2）再小的厨房也要配置齐全：锅、壶、砧板、糖罐、调味罐、花艺、刀具等都需要精心搭配。

（3）明丽的色彩搭配会更让人享受烹饪，惬意和享受是新时代厨房的主题，所以，色调上我们可以尽量多考虑使用秋天色彩，比如，枫叶的红、丰收的金、落叶的黄。

（4）厨房饰品的选择尽量考虑实用性，要考虑在美观基础上的清洁问题。

（5）厨房还要尽量考虑防火和防潮，玻璃、陶瓷制品是首选，一些容易生锈的金属类饰品尽量少选（见图6-109~图6-112）。

图 6-109 厨房饰品

图 6-110 餐具

图 6-111 菜谱

图 6-112 调料罐

2. 卫生间饰品选择小窍门

（1）基本上以方便、安全、易于清洗及美观得体为主。

（2）不要放弃在卫浴空间调节气氛，一些香薰蜡烛能达到很好的效果。

（3）卫浴空间潮气较重，手绘类油画和金属类会生锈的材质尽量不要用，镜面装饰画和陶瓷类防水饰品比较适合。

（4）需要考虑到毛巾、浴巾等棉质物的陈列，采用玻璃搁板会比不锈钢材质搁板更合理和实用，并能减少后续维护的时间（见图 6-113）。

图 6-113 卫生间饰品

6.3.7 摆设饰品的注意事项

（1）布置饰品是非常私人的一个环节，它能够直接影响到居室主人的心情，引起心境的变化。

（2）饰品作为可移动物件，具有轻巧灵便、可随意搭配的特点，不同饰品间的搭配能起到不同的效果。

（3）优秀的工艺饰品甚至可以保值增值，比如中国古代的陶器、金属工艺品等，不仅能起到美化的效果，还具备增值能力。

作为设计师，应该充分考虑客户的需求，为客户配置出符合主人身份定位和装饰风格特色的饰品。为客户做好参谋，是软装设计师的主要工作；另外，动手能力、善于发现、善于创造是软装设计师不败的法宝（见图6-114）。

图6-114 不同空间的饰品陈设赏析

课后作业

独立创作花艺小品和布艺工艺品一套，再根据画品搭配的技巧自拟注意风格，设计一套模拟空间方案并选择相应的画品、布艺款式并且进行模拟搭配设计。以PPT的方式展示作业内容，要求空间效果独特、布置内容合理。

第 7 章

软装方案设计制作流程与实战

软装设计
Soft Decoration

7.1 设计前的准备

7.1.1 获取甲方资料

客户对如何与软装公司接洽，如何配合软装公司工作知之甚少，这时候就需要软装设计师详细地表达出需要哪些资料来完成整个软装设计工作。客户与业主对生活空间的整体美化要求越来越高，软装在硬装设计之前或与硬装同步开展能完美地实现更好的整体效果（见图7-1和图7-2）。

图 7-1 泰式风格样板间 1　　　　　　　　　　图 7-2 泰式风格样板间 2

要想做好一套软装方案，需要在甲方处获得以下资料。

1. 软装设计要求

根据客户的性质，软装设计师的设计领域大概分为地产楼盘、酒店、私宅空间、办公空间、商业空间等。

（1）地产楼盘

首先，需要了解整个楼盘的区域定位、目标客户、销售卖点等，必须对项目本身的规划和定位有系统的了解；其次，要研究户型结构特点和装修风格，看如何有效地弥补户型或硬装的不足等；最后，要了解业主欣赏或指定哪种软装风格。

（2）商业酒店

多从酒店整体定位来要求软装，要研究各星级酒店对硬装以及装饰陈列的规格要求（见图7-3）。

（3）私宅空间

首先要对业主的生活、工作、喜好、社会地位等给予足够的了解，并要通过各种渠道对这个客户进行摸底。不同业主的私人空间需求是不同的（见图7-4）。

（4）办公室或商业空间

多从实用角度出发来规划软装，商业空间要更多地考虑客流的动向。场客流走向图，是商业空间布场的重要参照，只有十分清楚和了解动线，才能设计出符合消费逻辑的空间陈列（见图7-5）。

图 7-3　珠江帝景苑的酒店大堂

图 7-4　某客厅的软装设计

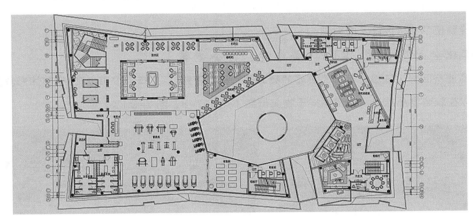
图 7-5　某办公空间布场图

2. 硬装设计效果图

硬装设计效果图是基本上已经获得客户认可的最后装饰效果，在有了效果图所表现的设计手法、陈设方向后，对于硬装部分有哪些优缺点都会有很直观的认识，为制作软装方案打下坚实的基础。效果图一般由硬装设计师提供，因为硬装设计师已经与客户有了深入的沟通，效果图是软装设计方案的重要依据（见图 7-6、图 7-7）。

图 7-6　美式样板间硬装效果图 1

图 7-7　美式样板间硬装效果图 2

3. 硬装平面图及施工图

通过平面图，可以清晰地了解到实际工地中的各方面信息。另外，看施工图是非常有必要的，因为只有通过施工图才能清楚地知道每个空间的施工细节，特别是立面方面，墙壁是何种处理手法、窗的高度、层高等。另外，施工图还提供了详细的尺寸，方便软装设计师对空间中大件物品的尺度把握，比如家具，有时候可能因为几厘米的误差就会导致一些家具放不下，造成后期的麻烦。

7.1.2 项目详细分析与制定任务书

在获得甲方项目基本资料后，进入项目详细分析阶段，这个阶段是整个软装设计中至关重要的一步，是决定项目成功与否的关键。任何项目，都要抽出足够的时间来进行详细的分析，某一方面没有考虑好，就有可能导致整个项目设计上的偏差。

1. 商业空间（餐厅、KTV、美容院、办公室等）

此类商业空间强调低成本，因为装修的频率非常高，多则 3~5 年，少则 2~3 年整体形象就要更新一次，所以在软装物品的选择上更倾向于物美价廉（见图 7-8、图 7-9）。

图 7-8 某 KTV 商业空间软装搭配　　　　　　图 7-9 某餐厅商业空间软装搭配

好的软装方案不一定是用金钱堆砌的，只要有恰当的表现手法，价廉物美的要求就能实现。除了以上介绍的，还有很多其他类型的空间。虽然类型众多，但在项目分析中，只要了解了空间承载的行业特色和需要表达的主题思想，再进行软装设计就比较清晰了。

2. 项目硬装情况分析

（1）分析图纸

通过效果图和甲方提供的 CAD 图纸，能对整个项目的空间有基本的了解和直观的认识。软装设计师要重点查看 CAD 图纸中的立面表现图，了解到空间的结构、施工方法、施工材料及各种尺寸，在软装材料搭配硬装材料时会起到非常重要的作用（见图 7-10）。

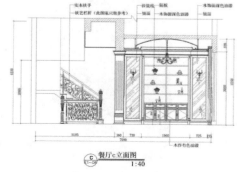

图 7-10 表述详尽的 CAD 立面是软装设计的
基本要素

（2）实地考察

根据硬装的进度，软装设计师一定要到现场进行实地考察，进一步体会整个空间。一个好的软装设计，一定要吃透硬装的选材，如地砖、墙纸、吊顶、石材等，仔细斟酌硬装选材的基调与气质。好的硬装设计再加上好的软装设计，才会是一个非常完美的空间。

（3）提出建议

如果硬装设计存在某些方面的缺陷，可以通过软装进行巧妙的弥补。如果说硬装设计是个"遗憾"工程，则软装设计就是"弥补遗憾"的工程，能起到画龙点睛的作用，让设计散发出灵气。通过软装改造使原有的室内焕然一新。

3. 对业主的分析

每做一个项目前，软装公司都应该花一部分时间去了解业主，每个公司、每个业主都有自身的文化、自身独特的沟通方式等。软装设计师需要了解业主的背景，从事的主要行业是什么，从而准确地了解到他们会怎样看待软装设计，以及对软装公司的具体要求。如果在完全不了解业主的情况下做方案，往往定位不准，不能满足业主方真正的需求（见图 7-11、图 7-12）。

图 7-11　硬装后现场照片

图 7-12　软装设计处理后现场

通过以上的分析，可以列出一个详细的"软装项目设计任务书"，格式如下。

软装项目设计任务书

一、项目概况

1. 项目名称：　　　　　　　　项目地点：

2. 项目类别：　　　　　　　　项目面积：

3. 甲方执行负责人：　　　　　联系电话：

4. 乙方设计负责人：　　　　　联系电话：

5. 硬装设计负责人：　　　　　联系电话：

二、设计要求

业主宗教信仰：

1. 内容和范围（□家具、□灯饰、□布艺、□饰品、□花艺、□画品、□其他）

2. 业主的年龄：　　　岁；业主的职业：　　；业主的爱好：　　；孩子的年龄：

3. 业主选择餐桌形状：□圆形 □方形 □长方形

4. 业主计划软装的费用：　　万；费用比重：家具　　饰品；

5. 设计定位

情景主题：□整体项目主题：　　；□具体空间主题：　　　；

风格定位：□中式 □东南亚 □现代 □欧式 □新古典 □其他；

6. 设计进度计划

（1）设计进度计划书

a. 提供概念设计成果时间：　　　　　　　　　　年　　月　　日

b. 提供方案设计成果时间：　　　　　　　　　　年　　月　　日

c. 提供材料样板时间（家具布料及木饰面板）：　　年　　月　　日

d. 提供家具白胚完成时间：　　　　　　　　　　年　　月　　日

三、设计成果

1. 初步设计概念图册包含：

a. 人物背景、爱好设定（如男女主人的职业、爱好等）；

b. 主题设定、故事情节创意（故事情节要展现到每个空间）；

c. 优化平面布置图；

d. 配色方案确定；

e. 家具布料及木饰面样板；

f. 家具、灯具等方案配彩图。

2. 深化设计图，采购清单

a. 家具清单：

b. 灯具清单：

c. 花艺清单：

d. 窗帘清单：

e. 饰品清单：

f. 床品清单：

g. 地毯清单：

h. 挂画清单：

i. 其他：

7.1.3　设计前的注意事项

1.　寻找合适素材

俗话说，巧妇难为无米之炊，有了好的创意，没有相关的素材，整个设计也是无法进展的，素材库的丰富程度会左右方案的优劣，每个软装设计师和公司都要不断地进行素材积累，分门别类归纳好，这样设计师进行软装设计时就会比较轻松。

获得软装素材的途径主要如下。

（1）网络

一幅梵高的名作马上可以从国外的博物馆网站进行下载。这是目前获得素材的最简单方式，但是价格体系不易建立。

（2）展会

除了参加国内各大家居展外，现在很多软装公司通过参与法国、意大利等国际顶尖展会，与境外设计机构建立了非常广泛的合作，建设的素材库具有国际水准。它们开展的各种层面的合作，还可以有效地促进国内软装行业的蓬勃发展。

（3）厂家

建立和国内外终端生产厂家的长期合作和沟通，有助于建立一个相对完善的产品素材库和产品价格体系。

（4）自制

一个优秀的软装设计师和软装机构，最好不要一味地进行采购，做商品堆砌，应该注重软装产品的自行制作及创新，只有具有一定创新能力的软装设计师才能被市场接受，受到客户推崇。

在寻找素材的过程中，应该注意以下几个方面。

（1）稳

在寻找材料的时候心态要稳定，根据设计方案的需要去找素材，不要情不自禁陷入某类素材里面，长时间出不来，在导致方案时间延后的同时，也会影响原来设计方案的实施。

（2）准

素材很多，要懂得哪些方面是主要的、哪些方面是次要的；根据具体的项目，有时候是以家具为主，有时候是以饰品为主，具体的项目不同出发点就不同。面对过多选择的时候，选择的准确性就要考验设计师的艺术功底了。

（3）狠

把握准方向，有的放矢。好的图片很多，合适的也会很多，但要练就"任凭弱水三千，我只取一瓢饮"的功底，要懂得取舍，狠得下心，才能不被令人眼花缭乱的素材左右。

2.　组织排版

目前国内的软装方案排版模式有很多种，且软装模板不是一成不变的，在实际设计中，设计师只要能够完整地表达好自己的设计，能使甲方比较直观地领悟就可以了。软装设计中的排版一般会涉及以下几个方面。

（1）项目名称

这里提到的项目名称除了地点和楼盘外，最重要的是给这个项目起一个符合主题的优雅名称，如"世纪绿洲，家景甲天下""国际典范，超然生活"等。

（2）公司名称和 logo

这个部分不要表现得太过抢眼，点到为止即可。

如图 7-13 所示，在这个示范封面把项目名称以配图的形式重点突出，整体色调与风格高端时尚，暗喻了此项目的定位级别，并能很好地为后面的方案起到铺垫作用。

图 7-13　某楼盘项目

（3）总体版面设计

排版对软装设计师的平面设计素养要求较高。在排版中，往往会根据具体的项目，采用不同的设计版面，并且版面的设计和其内容的设计应该是融为一体的。另外，在版面的设计中，也可以采取一些氛围设计元素，使设计的内容和版面完美地结合起来，这样视觉效果会非常好（见图 7-14）。

图 7-14　案例中总体设计方案的效果图与文字部分
的松紧结合提升了视觉效果

（4）主设计区

一般以家具为主，搭配灯饰、窗帘、饰品、花艺、挂画等一起展示，如果一个页面表达不完，可以采用多个页面表达（见图7–15）。

图 7–15　这是一个对洽谈区的方案设计，以家具为中心展开设计

（5）摆放位置索引

让客户清晰地知道选配的产品要摆放在哪个具体空间（见图7–16）。

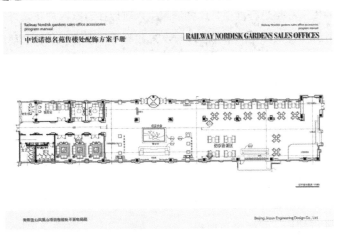

图 7–16　索引图是能否将项目表达清楚的关键

（6）对细节的把握

好的设计不仅仅体现在设计内容上，排版的每一个细节都要非常注意，调整好每一个字体、字距，该对齐的部分严格对齐，选择高质量图片等。一个设计师的设计能力高低，从其拿出的设计方案就可以窥见了，排版精细、图片清晰、主题鲜明、印刷精美等，很多细节都能成就一个优秀的方案（见图7–17）。

图 7-17 细节成就优秀方案

7.2 方案制作

当前国内外软装设计方案呈现出如下几种形式。

1. 情景式

按照主人公一天的生活脉络进行描述，比如清晨主人可以在自家入户花园进行早锻炼，上午在书房内整理文件，中午在厨房准备午餐，下午在客厅与友人共品下午茶等，从整个项目的大主题到每个空间的小主题。一个方案做完后，设计师相当于讲了个唯美的故事，这种方式需要设计师有非常强的文字功底和逻辑能力，还要配合主题创作场景氛围，这是软装设计的最高境界。

2. 布局式

根据空间布局和生活节奏进行表述，按照由主到次的顺序，对一个个单独的空间和层次进行设计。一般讲述顺序为客厅—餐厅—卧室—书房—厨房—卫生间。每个空间还要按照家具—灯具—布艺—花品—画品—饰品的顺序制作单独页面或者多个页面。

接下来将按照布局式的表述手法对一套完整软装设计方案作品进行剖析，初学者可以根据这个模板进行练习，最终做出符合逻辑的软装设计作品。

（1）封面

封面是一个软装设计方案给甲方的第一印象，是非常重要的，封面的内容一般除了标明"××项目软装设计方案"外，整个排版都要注重设计主题的营造，让客户从封面中就能感觉到这套方案的大概方向，引起客户的兴趣（见

图 7-18 封面

图 7–18 ）。

（2）目录索引

方案类型不同，设计不同的目录索引程序，一般居住空间可以按照主人一天的生活脉络设计流程，而商业空间应该根据人流动向和营销需求设计流程。方案部分的索引目录可以是每个页面的实际空间名称，也可以为每个空间设计起一个概括性的名称，以便于故事情节的展开，例如，客厅沙发部分的陈设可以表述为"悠闲的浪漫下午茶时间"（见图 7–19 ）。

（3）设计主题

一套作品中，色彩具有无可比拟的重要性，

图 7–19　目录索引

同样的摆设手法，会因为设计主题的不同而不同。设计主题是贯穿整个软装工程的灵魂，是设计师表达给客户"设计什么"的概念。最重要的是要为这个项目起一个优雅恰当的名字。如果是家居的软装方案，不但要设定一套整体主题，还要把每个房间的主题细化出来，因为任何一套户型虽然有大的气质，但根据具体使用功能，每间房间都会有所区别。

通常设计师要通过一些高于业主目前生活方式的场景，让他们体会一种前所未有的高舒适度的生活方式，从而最终把目标锁定在要买的房子上。因此，样板房空间从强调生活方式的角度设计比较好（见图 7–20 ）。

图 7–20　某软装方案设计主题

（4）设计说明

设计说明部分可根据具体项目要求，简短或详细地描述设计师要表达的设计理念，是整个方案的文本纲领，除注意文本的描述精准外，其页面排版及字体的选择也要非常讲究，一定要切合主题，大气洒脱（见

图 7-21）。

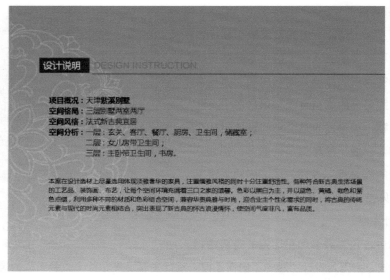

图 7-21 某软装方案设计说明

（5）设计风格、材质及色彩定位

①软装设计风格

软装属于商业艺术的一种，不能说哪种风格一定好或不好，只要适合业主的就是最好的。近几年，装饰风格不断演变，更多的设计师喜欢混搭，别有一番感觉。设计师可根据实际情况来决定是做某种纯粹的风格还是混搭风格。

②材质定位

优秀的软装设计师一定要非常了解软装所涉及的各种材质，不但要熟悉每种材质的优劣，还要掌握通过不同材质的组合来搭配合适风格的空间的方法。比如要打造一个清爽的地中海风格空间，家具应尽量选择开放漆，木料尽量选择橡木或胡桃木，布料尽量选择棉麻制品，灯饰尽量选择铁艺制品，这样搭配的空间就会把舒适、休闲、清新的地中海品质表达得淋漓尽致。每一种材质都有其独有的气质，就像香水再香也不能多瓶香水混用一样，一定要通盘思考整个空间，包括硬装的材质都要思考在内。设计材质定位举例见图 7-22。

③软装色彩定位

一套作品中，色彩具有无可比拟的重要性，同样的摆设手法，会因为色彩的改变，气质完全不同。软装色彩遵循所有设计的色彩原理，一个空间要有一个主色调，一两个辅助色调，再搭配几个对比色或邻近三色，整个空间的效果就出来了。软装设计当中，设计主题定位之后，就要考虑空间的主色系，运用色彩带给人的不同心理感受进行规划（见图 7-23）。

图 7-22　设计材质定位示例

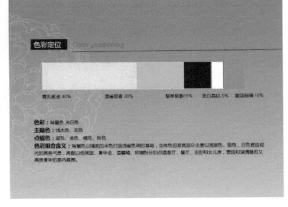

图 7-23　软装色彩定位举例

（6）灵感溯源

灵感溯源部分指的是设计师展开项目设计时创意的源泉。一个软装设计方案，应该从什么元素切入才能完美地表达整个空间，这是软装设计师不断思考和积累的结果。灵感的来源是非常多样化的，借鉴硬装的设计元素也是一个方向（见图 7-24）。

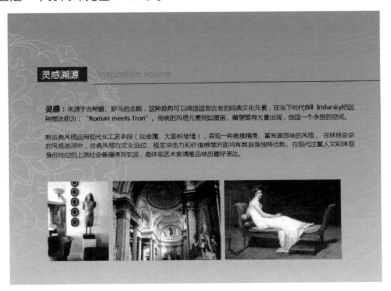

图 7-24　灵感溯源举例

（7）平面布局图

一般来讲，一个建筑在设计初期，就会对空间的使用进行合理规划，硬装设计部分对空间的平面都会有非常详细的设计，所以到软装这个环节，空间布局部分发挥的余地就不是很大。但也有一些大型的空间，如售楼处、宴会厅等，布局可以有多种形式，软装设计师可以在此发挥。在平面规划中，要特别注意对家具尺度的把握（见图 7-25）。

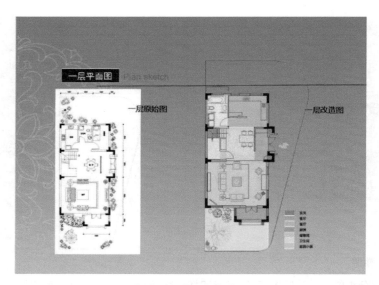

图 7-25　平面布局图

（8）人流动向图

人流动向图一般适用于售楼处、酒店、会所、商业空间等人流量比较大的空间，家居类一般不需要。在整个布局设计中，一定要引导人流的走向，从哪个地方进入，进入什么空间，从哪个地方出去，要控制得非常合理（见图 7-26）。

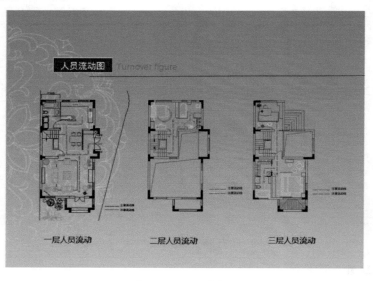

图 7-26　人流动向图

（9）空间索引图

空间索引图在软装方案表现中尤为重要，相当于一个故事的前奏和开场白，它能让客户知道接下去将有哪些空间的细部方案展示，比如住宅空间的玄关、餐厅、客厅等。空间索引图，可以起到引导性的作用，方便梳理空间（见图 7-27）。

图 7-27　空间索引图

（10）空间明细设计图

软装的设计要更注重实用性，虽然在做方案的时候，设计师都会融合一些情境图片来烘托氛围，但是软装设计最终还要落实到实物上，所以在选择图片的时候，效果好是一方面，更重要的是要考虑到所选的物品在实施中能否采购得到或制作得了。空间明细设计图应该包含家具配置方案、灯具配置方案、装饰画配置方案、绿植花艺配置方案、布艺地毯配置方案、饰品配置方案等内容。一般要求家具和布艺单独设计页面，其他工艺品类可以汇总在一个页面讲述（见图 7-28）。

图 7-28　空间明细设计图

151

7.3 摆场

1. 摆场步骤

（1）做好现场保护，鞋套、纸皮等提前准备好。

（2）摆好家具。

（3）挂灯饰、窗帘、画。

（4）摆设地毯。

（5）摆设床品、抱枕、饰品、花艺。

（6）细微调整。

2. 摆场各阶段的注意事项

（1）一定要保护好现场，硬装经过一个月或几个月的辛苦劳作才完成，作为软装公司，一定要珍惜别人的劳动成果，搬运物品进出时一定要格外小心墙面、地面、门、楼道等。尽量找项目当地的搬家公司，他们因为经常搬运，懂得很多该注意的地方，不管是工作效率还是对现场的保护都会比较到位。

（2）摆设家具时一定要做到一步到位，特别是一些组装家具，过多的拆装会对家具造成一定的损坏。

（3）家具摆好后，就可以确定挂画和灯的准确位置了，顺序不能颠倒，如果没有摆好家具就挂画或挂灯，很容易把位置确定错误，而一旦修改就会对硬装部分造成一定的损坏。

（4）窗帘挂上去后要调试一下，看能否拉合，高度是否合适，如果房间卫生还要进一步清洁，需要先把窗帘用大的塑料袋保护好。

（5）一个卧室中非常重要的部分就是床品，如果其材质、颜色都非常好，但摆设不好是非常影响效果的。该叠好的叠好，该拉直的拉直，地毯铺平，棉芯均匀，抱枕饱满，摆放的时候要有所讲究，最终作品才会显得非常有生机，有朝气。

（6）饰品部分根据实际情况摆设，只要效果好，位置是可以适当调整和互换的，注意整体的把控即可。

7.4 方案中常见的陈列手法

1. 均衡对称式

在中式空间表达中此种表达方式应用得最多，传统中式的陈设手法主要是对称式，但在当前时代背景下，方案设计中多会融合均衡的处理手法，以打破对称表达过于古板的处理手法。对称又分为绝对对称和相对对称。上下、左右对称，同形、同色、同质为绝对对称，而在室内陈设设计中，经常采用的是相对对称。图7-29中沙发、靠枕、台灯、屏风的陈列手法都为均衡对称式。图7-30中的书柜、沙发和角几的陈列手法也为均衡对称式。

图 7-29　均衡对称实例 1

图 7-30　均衡对称实例 2

2．写实情景式

用超写实的手法营造一个时间停顿的某个瞬间，会让室内产生无比的真实感，比如图 7-31 这个小景就营造了一个刚刚写过书法暂时离开书房的场景，通过逼真的场景让客户立刻联想到自己理想的生活方式，感染力很强。

图 7-31　写实情景式实例

3．借鉴式

借鉴式指的是把跨行业或跨领域的设计理念巧妙地运用到软装的设计当中，借鉴的方式可以使业主对空间产生与品牌之间的联想。在这个案例中，借鉴经典的品牌爱马仕橙，将其运用到软装设计中，亮白色的主色渲染下，爱马仕橙加上水蓝色的组合让业主仿佛置身度假屋，有种身体与海天、泥土自然契合的畅意舒适感（见图 7-32）。

图 7-32　借鉴式实例

4．主题统一式

从蓝白相间的沙发、抱枕的纹样到墙上的壁挂，再到壁橱的样式颜色，都表达了同一个主题——地中海风情，这就是主题的统一（见图 7-33）。图 7-34 表达的是花卉主题，在每个局部上都使用了田园花卉的主题，这样频繁的陈设手法表达了其空间的主题统一。

图 7-33　主题的统一实例 1　　　　　　　　　　　　　图 7-34　主题的统一实例 2

5．情趣表达式

生活有情趣是一种幸福，而在软装陈设的表达手法上，表达一个有情趣的场景也是非常必要的，尤其是在儿童房中，使用这种手法能让业主有种归属感与对美好生活的渴望。如图 7-35 上的四只小熊，摆设的时候就非常讲究，显得很有情趣，很有意境，像床上的两只小熊相互依偎，椅子和书桌上的小熊相互对视，非常温馨。而如果不用心，随意地摆放的话，互相之间可能就没有互动了，就会显得不够生动（见图 7-35）。

图 7-35　情趣表达式实例

6. 点睛之笔式

客厅等重要的空间，要设计一些重要的视觉集中点，这个点非常重要，视觉点摆设得好坏直接影响整个软装工程的效果，图 7-36 中的花艺，就属于点睛之笔，在整个背景上凸显出来，形成视觉的亮点。

图 7-36　点睛之笔式实例

7. 材质引导式

在软装陈设中，材质的表达非常重要，造型一样但材质不同，其空间的气质就会大有不同。图 7-37

155

中晶莹剔透的酒杯、银色的烛台、瓷质的餐具，都是精挑细选的材质，与房间的整体风格要表达的生活方式相吻合。

图 7-37　材质引导式实例

8. 动静结合法

动静结合会让空间更加灵动，这里所指的动与静结合，还包括很多有造型的陈列物品，图 7-38 中蝴蝶背景墙仿佛翩翩起舞，与桌上的花艺的静态相互结合。现在有很多软装公司制作的装饰画，用效果不同的材料，同样可以创作出动静结合的空间（见图 7-39）。或者是通过蜡烛的动态与空间的静态相互结合来陈设室内，突出其优雅而生动的气质（见图 7-40）。

图 7-38　动静结合式实例 1　　　图 7-39　动静结合式实例 2　　　图 7-40　动静结合式实例 3

9. 组合式

组合手法的特点是布局丰富，由点到面组合合理，给人以有序而富有情调之感。图 7-41 中的挂画采用了大小不一、错落有致的陈设手法，使墙面丰富而突出，体现出主人的品味。

图 7-41　组合式实例

10. 陈列堆砌式

陈列堆砌式适合装饰整体空间，是软装陈设中的常用手法。如图 7-42 客厅的一角，两个相框一字摆开，3 个花艺装饰也排列有序，个体间相互搭配。图 7-43 中陈列堆砌的花瓶与花艺使墙面产生强烈的视觉冲击力。

图 7-42　陈列堆砌式案例 1　　　　　　　　图 7-43　陈列堆砌式实例 2

11. 呼应式

呼应属于平衡类的表现手法。一般运用形象对应、虚实气势对应等手法求得呼应的艺术效果。如图 7-44 中窗帘的花纹、沙发的花纹、摆饰品的花纹、背景墙上的装饰画，都是相互呼应的关系。花纹有大有小，有深有浅，相得益彰。

图 7-44　呼应式实例

12.　镜面活用法

图 7-45 利用镜子的反射功能，使得空间看起来扩大，原来的摆饰数量翻倍，所以在有镜面的前面摆设时，要利用好镜子的这个功能。尤其在小空间中使用镜面，效果更佳，不但可以增加空间的尺度，同时能使室内显得明亮干净。

图 7-45　镜面活用法实例

13.　化整为散式

图 7-46 后面的装饰画都采用了化整为散的处理手法，看惯了完整的东西，换个角度，原来破碎也是一种完美的艺术。这种表达方式可增加视觉的流程，也可引导逆向思维，反方向的表达也是一个很好的表达方式。

图 7-46　化整为散式实例

14．手绘表达式

手绘，在软装陈设中也是个非常重要的表达手法，手绘可以在墙面体现，也可以在家具、窗帘、陶瓷等很多物品上体现，艺术感染力非常强。它与现代化机械手段形成对比，产生别具一格的效果。同时也可根据业主要求量身定制手绘图案，但是建议手绘的面积不要过多（见图 7-47）。

图 7-47　手绘表达式实例

15．借景表达式

借景手法在苏州园林中运用得炉火纯青，软装设计当中也可以灵活地运用，从而提升空间品质。无论是借风景还是借别的，都是在原有的摆设基础上借助其他某种独特的资源，形成新的风景点。本案例借助鲜艳色彩的软装配饰，使得原有的陈设有了新的亮点（见图7-48）。

图 7-48 借景表达式实例

16. 兴趣展示式

有很多人对某些事物非常痴迷，在一定空间以陈列展示的形式展示出来，比如有人喜欢收集飞机模型，有人喜欢集邮，有人喜欢收集艺术品……收集来的物品经过艺术摆设，既能观赏又能很好地保存，也是一种有特色的软装表达手法（见图7-49）。

图 7-49 兴趣展示式实例

课后作业

　　构思摆场方案，自拟一套摆场提纲并分析预算合同数据。按照构思内容寻找各类所需软装饰品，进行场景的最终设计创作练习。要求：大量收集实战摆场照片资料，并进行实际案例的练习与分析。

第 8 章

软装设计实例

案例一　庄重沉稳的英式贵族气质样板间

本案例的英式风格与业内比较常见的相对亲民的英式田园不同，更有城堡和庄园的厚重和华丽，强调的是繁复渲染的形式感和礼拜堂式的庄严、神秘和严肃。

1. 入户

英国早年的小康之家在建筑风格上往往选择半木结构或叫露木结构（half timber）的风格，这种风格的内墙使用木构架，而在构架之间充填以砖或灰泥。但城堡式的风格却由于领主对森林拥有的权利，在木材的使用上并不节制，往往采纳的是全木风格，显得奢华而贵气。本案例就是这么一个范例，大面积的木饰面和复古格调的家具、配饰，仿佛让观者穿越到了亨利八世和伊丽莎白一世的岁月。

2. 客厅

这一户型的潜在业主作为商业领袖和精英，当然与老派的英伦贵族气质不尽相同，但那种负责任、有担当，谦逊、内敛又不失高傲、不盲从的自我认知，二者之间却有着异曲同工的相似之处——本案确实经设计师的精心打造，在品位和品质上达到了他们的精神坐标。古典英式风格的客厅典雅和大气，凝重中不失绚丽的色彩，醇厚中蕴含精美的造型，渲染出优雅尊贵的生活氛围，熔铸了奢华金贵的英伦风尚。

3. 餐厅

本案由于其最初就定位于英伦风范，西方元素的演绎本身就是题中应有之义，比如独立画幅的油画，造型趋于细腻，精确适用"近大远小"的透视技法，并通过对"投影"的描绘来强调画中物体的立体感，至于水晶酒杯、下午茶茶具、烫金皮封的精装书籍、复古风格的真皮单人高背椅乃至古罗马风格的塑像都是不可或缺的要素；但在另一方面，印度或非洲风貌的仿象牙制品、青花瓷和英伦伟吉伍德仿制风格的瓷器、南亚和东南亚式样的浮雕和全身立像，似乎默默诉说着西方和东方相遇的传奇故事。

4. 吧台

在室内设置吧台，需将吧台看作完整空间的一部分，而不单单是一件家具，好的设计能将吧台融入空间。客厅是居室的重点区域，一般都装饰得非常讲究，放置在客厅的吧台，给人一种异样的情调和华贵感，最经济、有效的办法是运用光线的错落，高脚吧凳是吧台最有风情的一景，以营造出华贵的气氛。

5. 主卧

卧室主要体现富贵温柔、色调温暖的和谐馨香的感觉。本案的卧室在木饰面的使用上将都铎风格发挥到了极致，一些细节的把控，诸如宫廷式的吊灯，有流苏的红色天鹅绒被衾、白貂风格的毛毯，尽显温文尔雅、贵气逼人的气派和不绝如缕的贵族印记。

6. 书房

成熟的板材与英式复古的装饰品，体现了主人的爱好与生活的追求。大小不同的格子柜，既体现了家具的实用性，又使得装饰物、摆件都有它们的位置，搭配烫金皮封的精装书籍，使整个书房充满严谨、庄重的学术和商务气质。再加上生机勃勃的绿植和柔和灯光的点缀，完美地呈现了一个具有英式贵族气质的书房。

7. 走廊及洗手间

走廊作为连接多个空间的公共空间十分重要，本案例中将走廊作为兼有艺术品展示和休息区的功能的空间来摆设，不仅搭配了休息椅和装饰画，同时也增加花艺的摆设，以为这个空间烘托气氛。

洗手间不宜使用太多颜色，统一风格的色调会让人感觉更加舒适。装饰物的材质多选用奢华、成熟的实木。同时摆放了真皮休息椅，运用暖色的灯

光和富有生命力的花艺来增加空间活跃度。

案例二　欧式低调奢华风格样板间

欧式宫廷风格，以金、黄、红等辉煌明亮的色彩搭配，渲染出欧式宫廷不凡的气度。镶花刻金的天花墙饰与彩绘金饰的古典陈设，均以一种雍容、华贵的姿态，传递着居室主人高雅的审美情趣和极富贵族文化底蕴的生活态度。

1. 客厅

走进客厅，富丽的米黄大理石地面、镶花刻金的天花墙饰、考究的经典陈设和精美的宫廷油画瞬间将人引入古典世界，令人目不暇接。纹饰镌刻精美的雅士白壁炉，经过设计师匠心独运的处理，既保留了古典欧式的生活情怀，又巧妙地调和了现代生活的需求。华美水晶吊灯与精致银镜交相辉映下，浓郁的欧式宫廷风情，显露出令人凝神屏息的不凡气场。

2．餐厅

贵族优雅瑰丽的情愫潜入餐厅的每一个角落。设计师以美的笔触，将艺术的灵感注入日常生活中，你所享受的，绝对是一次贵族品位与现代风尚相得益彰的即兴创作。繁花高贵的餐桌椅，光洁度好的餐具和五金配件，加上鲜花的点缀，构成了一个优雅高贵的餐厅。

3．主卧

璀璨的水晶吊灯、静美的宫廷油画、奢华的床品以及古典的色彩搭配，欧式宫廷风从整体到局部，精雕细琢，镶花刻金，给人一丝不苟的印象。当代的欧式宫廷风格在保留了古典材质、色彩的大致走向的同时，摒弃了过于复杂的肌理和装饰，用更为洗练的设计传达着深邃的历史和厚重的文化。

4．次卧

在家具和配饰上均以其优雅、奢华的姿态，平和而富有内涵的气韵，描绘出居室主人高尚的品位和低调开放的生活态度。欧式宫廷风格善于运用白色、金色、黄色、红色这些明亮辉煌的色调，使整个空间给人以开放、宽容的非凡气度。

5. 儿童房

欧式宫廷风，更像是一种多元化的思考方式，将旧时贵族的浪漫情怀与现代人对生活的需求相结合，兼容华贵典雅与时尚现代，这样的时尚不仅在主卧中有所体现，在儿童房的设计中依然存在。大量运用白色、金色符合欧式主体，壁纸上的图案点缀和摆饰的配合使其更有活泼生机。

案例三　新法式风格小户型样板间

1. 客厅

设计师通过着重色彩的表现，彰显出整个客厅空间的雍容大度和气派豪华之美，运用多种元素花、鸟体现出客厅生活区域的生机勃勃氛围，客厅浅色皮质沙发上带有金丝提花纹样抱枕，与柔美的提花同色系块毯相衬，无不彰显出欧式风格的精致细腻。客厅背景墙的金色挂画与茶几桌上金色桌旗以及金色角几相呼应融合，显示出极具雍容华贵之美的欧式风情。

2. 餐厅

以金色为主色调的就餐区彰显出富丽华贵的欧式风格，精致的提花软包餐椅造型精致，与壁炉的金色系相映相衬，同样带有金色系的水晶吊灯以及墙面装饰镜，更能烘托出整个就餐区域的精美华贵之感。设计师在细节上的处理独具匠心，金银水晶烛台、蓝色提花餐具以及餐桌上高档精美的桌旗无不体现出欧式风格的优雅经典的唯美之处。

3．主卧

主卧的软装搭配上，整体大色调为偏暖朱红色系，浅色的床品与壁纸的选择旨在扩大空间感，在视觉上提升了主卧空间的面积。在材质的运用上，木材与布艺的完美搭配在此得到了充分的体现，提升了主卧空间的舒适度和使用功能性，兼具视觉美感与功能性。柔美垂直感强的双开帘与床旗、靠包色系有机统一，红色实木衣橱与地板巧妙地运用蓝色提花块毯进行分割处理。

4．次卧

次卧的精美提花墨绿色系床品与双开帘的绝美搭配，加上精致古典元素，营造出一种令人向往的舒适与宁静。墙面的金框装饰画附着在雅致的金丝壁纸上，更能表现出欧式风格的优雅气质。浅色床旗铺散在深墨绿的床品之上，提亮了整个色彩视觉效果。在这种舒适安宁的气氛中，每一个空间物象仿佛都在诉说与表达，或浪漫，或典雅，或古朴，传递的都是一种深深根植的人文气质与欧式情怀。

案例四　新古典主义风格售楼处

该项目的室内空间的设计运用了轻松而自然的新古典主义的手法，奢华而沉稳的内部设计与线条感的建筑外观形成了非常强烈的对应。从安静到生机盎然，室内与室外的连接仿若一种空间的流转，显示出了设计师的匠心独运。

1．接待中心

走进大厅首先映入眼帘的便是售楼处的接待中心。线条状的棕黑背景墙，从第一眼就为人们打造出一种绅士般的品格。用圆石打造出来的装饰物，则为井井有条的空间带入了些许随意，看似随心所欲的搭配，却巧妙地缓解了这种重复的直线条可能

带来的单调之感。接待台的设计则显得更为有创意，大理石的台面下是金属面板不规则的排列。从不同的角度观察，台面下面的装饰就显示出不同的感觉，在绅士的低调和嬉皮的动感中来回变换，炫目的视觉效果则让接待区在第一眼就显得华丽而大气。

2. 洽谈区

洽谈区的处理是高端人士的最爱，高级灰的沙发被摆放在大大的落地窗前，与窗帘的颜色不谋而合，从基础色调上就奠定了本案的风格定位。深棕的单人沙发和富有光泽的茶几则加深了这种绅士品格的高端定位。摆设和艺术品则是经过设计师的精心挑选，富有艺术感的装饰品让空间显示出了不一样的高端品位，大气而富有内涵。相比较而言，地毯的处理则显得更为简约，黑、白、灰线条的色彩选择和色彩组合，让现代感的简约显露无疑，简奢感的打造也让洽谈区显得更为人性和轻松，为客户营造了一个非常自在的环境。

3. 公共区域

对于公共区域的打造，设计师则是选择放置了两张线条感十足的雅白简约沙发，为奢华的金色空间提供了一丝视觉上的轻松之感。弧形的设置不仅保持了空间的流线感，同时还联通了人与人之间的交流。仔细观察会发现两张沙发的后背构造了不同的流通空间，这样不仅显得人性化，而且保持了私密性。

4. 沙盘区

沙盘区是售楼处的重要部分，展示台的处理与接待区相类似，展示则是选用了高科技背景将整个区域的规划形状展现出来，并且通过直观的模型将区域的总体和细节展示给业主，让业主对于项目有个非常清晰的认识。整个沙盘区通过头顶奢华而简约的灯具相连接，让空间整个贯穿起来，显得非常的高端和大气。

5.　二楼洽谈区

二楼的博物架不仅起到了隔断的作用，同时还兼具装饰与展示的功能。博物架后的 VIP 洽谈室，私密性的处理是 VIP 洽谈室最主要的解决问题，针对不同类型的业主，设计师也做出了不同的设计和选择，以保证能用最完美的空间迎合每个业主对于美的追求。为此，设计师力求将现代风发挥到极致，简约中带着秩序的美感，简约的现代沙发崇尚的是一如既往的舒适，没有复杂的隔断，散发的是一种极致简约的思维。高端的商务体验和人性化的空间构造一直是设计师追寻的目标，于是在总体空间和打造和细节的把控上都经过了精心和细致的处理，以营造出令人惊叹的视觉享受和高端的购房体验。

6.　二楼区域

在总体空间处理流畅的情况下，设计师的匠心独运体现在对于空间细节的把握上。如果认真观察，我们会发现，室内空间中的每一处灯光都经过了设计师精心的选择和调配。比如，简约的公共区域使用了白色的简约沙发，但是头顶灯具的选择则是使用了几何形的镂空金色灯具，不仅在色调和整体风格上相互对应，同时也避免让此处空间因为沙发的选择而出现空白之感。走廊上空使用的是直线条状的现代简约的灯具，金属与玻璃的结合让上方空间形成了一个非常独特的装饰饰面。设计师为空间做了二楼的挑高设计，挑高空间的灯光和吊顶设计一直是售楼空间设计中非常重要的中心环节。而在此案中，设计师使用的是细碎的菱形装饰，灯光让这密集的装饰物显得熠熠生辉，也让空间变得非常奢华、活泼，显得大气十足。

案例五 新古典主义风格别墅样板间

1. 客厅

新古典主义风格呈现整体客厅生活区域的优雅、尊贵、大方的生活品味，完美展现出设计师的生活品质。用古典的浪漫情怀与现代人的生活需求相结合，展现出整个客厅生活区域的优雅、大气的视觉效果。整个客厅空间以中性色系为主要色调，最具代表性的皮质沙发搭配绒毛质感的浅色靠包以及柔软质感的大提花块毯，别具新古典风格的独特之美。纵穿空间的亮白色墙面上饰有大块儿镜面装饰，更加拉伸了视觉空间的进深距离，增加了空间面积和视觉冲击感。米白中性色系壁纸的墙面上悬挂大幅装饰画，色彩鲜明，极具活泼感，与壁炉上蓝色系摆件以及茶具托盘上的绿色花艺相呼应，在颜色上达到了有机的统一。贵妃椅上绒质感极强的条纹休闲毯和大理石地面在视觉效果上极具层次感。整个客厅空间在材料的应用上别具一格，运用布艺、皮质、玻璃、大理石以及绒质等多种材料打造出别致的新古典风格。

2. 主卧

主卧空间运用浅色地板、奶白色床品以及暗纹提花壁纸，在视觉效果上起到了扩大空间面积的作用。主要色系轻质淡雅，蕴含了丰富的设计灵感和新古典文化底蕴。咖啡色系窗帘、靠包、地毯、休闲毯在颜色上有深有浅，在材质上也有所区分。在柔和的暖光灯的照耀下，整个卧室空间弥漫着一种优雅舒适、清新淡雅的和谐氛围。设计师把高雅的古典情趣和潇洒而精巧的现代风格相融相通，空间中无论是在单品的选择搭配上还是在整体家居风格的挑选上，都鲜明地传达出设计师将时代气息与古典主义相融和的设计理念，完全迎合了新古典主义风格的大主题。

3．休闲厅

在新古典主义风格的休闲厅软装搭配上，设计师同样以浓厚的怀旧情感和大胆的革新精神进行搭配：木材与皮质、大理石与绒质地毯、镜面与陶瓷、以现代感强的金色系画框内装裱了一幅复古题材装饰画，具有柔美现代感线条造型的角几上放置金色系提花纹样的瓷黑台灯，种种细节之处都弥漫出了一种高贵典雅的新古典装饰风格。设计师大胆地采用软包处理手法装饰顶棚，与坚硬的大理石地面在空间结构上形成非常大的视觉冲击效果。在视觉颜色上，汇聚艳丽大方的色彩，用金粉装点各个细节，将古典之美注入简洁实用的室内设计当中，将传统与浓厚的文化底蕴在软装设计中强烈呈现出来，摒弃了过于复杂的肌理装饰效果，简单而又不失风度，兼具实用性与视觉美感。

4．水吧

在水吧区的软装搭配上，坚硬的大理石地面上搭配以柔软感强、相同色系不同明度的块毯进行区别分割处理。运用大块儿的镜面处理手法，达到拉伸视觉空间面积的效果，使空间结构的通透感、立体感极强。藕荷色系绒质感软包主人椅，既富有优美的曲线线条造型外观，又不失古典风趣之美。深色角几和壁柜的选择是水吧区域的一大亮点。角几上留声机摆件、垂直倒立悬挂的玻璃质感高脚杯以及精致的烛台摆件无不彰显出现代与古典相融合、优雅与时尚并存的休闲氛围。

案例六　新古典浪漫主义小户型样板间

1. 客厅

新古典客厅的软装设计中，客厅的蓝色系家居与古典欧式装修风格一样，复古而彰显贵族气质。沙发背景墙中清新淡雅的浅色调碎花搭配浅蓝色系布艺沙发，柔美的色彩散发着法式浪漫风情，在细节之处彰显出了独特的审美情趣。造型独特精致的烛台、带有高贵深邃感的宝蓝色瓷具等多种单品与整体客厅的风格有机结合，这些细微之处独特地诠释出新古典浪漫主义风格的迷人之处。

2. 餐区

在就餐区中，丰富感极强的整体视觉空间中透露出浓郁的复古繁华风情，同时，清冷的色调也有着新古典的清爽。深色餐桌上蓝色系桌旗、餐具、花艺与金色软包餐椅相搭配，散发出一股高贵典雅的新古典浪漫主义风情，搭配上整体纯净浅色系壁纸，清淡幽雅且显高贵气质。造型精美的高档烛台、曲线感造型蓝色系花瓶以及同色系精致摆件，整体主题风格相呼应。

3. 主卧

主卧空间中浅蓝色系床品是整个主卧的一大亮点。在主卧的软装搭配上，窗帘和床品是整个视觉空间的点睛之笔，色彩大胆的窗帘和床品透露出浓郁繁华的新古典风情，同时清冷的色调中带有自然元素的柔软块毯与之相互相映，完美结合。软包金色系床背和银色梳妆桌在整体柔美的浅蓝色色调中起到了极其重要的点睛作用，玻璃质感台灯、瓷质花瓶、真丝床品以及布艺窗帘等多种材料的混合运用体现出了空间的层次感而又不失其美感。

案例七　泰式风情别墅软装样板间

在室内软装设计中提到泰式抑或者东南亚风格，会让人联想到炎热的气候或者是神秘的氛围。

1. 客厅

该案例整个别墅的设计风格基本定位为泰式东南亚风格，设计色调以棕红奶茶色调为主，客厅生活区域在暖色调的灯光照射下格外具有立体感，吊顶的棕色木质线条与金色具有柔软感的窗帘以及同色系的线条感吊灯相呼应，在光滑的大理石地面铺有树叶纹路，极具自然、舒适感的柔软块毯，让人感受到了原汁原味的泰式迷情，浅色系的沙发配有藤草编织的造型、棕红原始木色的茶几以及同样具有与之色系、纹样交相辉映的靠包，同样体现了具有自然原始气息的泰式风格，让人沉醉其中，流连忘返。

2. 玄关

玄关墙大面积石质纹理的肌理效果背景墙搭配木质泰式传统纹样的玄关壁挂装饰，贴合了泰式风格的大主题效果，木质材质和石质墙面营造出了空间中自然的原始气息，桌上摆放花艺和睡佛的单品，彰显出泰式风格的异域风情。

3. 餐厅

在案例中的就餐区域中，整体大色调保持与客厅相一致，包括吊顶的红木材质、柔软的金色窗帘，就餐区中吸引眼球的吊扇灯的木质造型别具一格，与整体色调相呼应的木质圆形餐桌拉开了视觉效果的延伸空间。餐桌上摆放的白色花艺、白色烛台、木制白包的餐椅提亮了整个餐区空间，深色餐具、茶色编织餐垫、浅色玻璃质感高脚杯的摆放效果也具有别具一格的泰式风情。整个餐区空间软装配饰交相辉映，做到了恰如其分的整体融合感。

4．主卧

　　主卧中暖色顶灯和深色吊顶的应用增加了整体空间结构的立体感，半开放镂空木质的背景墙烘托出了高度通透感的结构空间，壁画中的暖黄色系芭蕉叶更加突出了泰式风格的主题。

　　白色床纱、浅色床品以及带有编织效果的休闲椅、休闲桌相融合辉映，让人在这个空间中放松身心、回归自然，感受到原汁原味的泰式风格，蓝色系的靠包与蓝色系的窗帘软装配饰相融相通，同样具有编织感纹路、深浅同色系的块毯与休闲桌、休闲椅同样打造出整体气氛你中有我、我中有你的和谐统一，营造出了温暖、自然、编织、泰式、原始的卧室效果。

5．次卧

　　次卧中床头活泼的绿色系背景墙与整体偏黄色暖色调相搭配形成了视觉冲击感较强的整体活泼感，床品中靠包和窗旗的黄色、绿色与床头搭配的画品在色系上做到了有机统一，床头背景的画品在素材上的选择也是极具品位的，黑色大底上采用灵活的树叶形象衬托出同样的自然泰式风格，背景墙两侧衬托的镜面效果做到了延伸空间的视觉效果，使整个次卧空间结构的视觉效果更加扩展延伸。

咖啡色与奶白色相衬的麻质感双开帘与木质的暖色地板，运用材质的选择搭配回归自然感，奶茶色与红木相搭配的立体衣橱与整体色调相一致，既做到了增加视觉美感的需要，也满足了储藏功能的实际需要。白包的木质床榻上摆放浅色干花花艺以及绿色系瓷质茶具，让人们体验到舒适柔软的休闲感和温暖放松的心理暗示。

6. 书房

书房中背景红棕色系壁橱的选择兼具实用性和审美功能两种需要，搭配陶艺、编织、干花、书籍、书挡以及具有泰式风格的摆件，增添了泰式的浓郁气氛，浅色系的壁纸上悬挂色彩鲜明的壁画，使得整个书房气氛显得不过于沉重。黄绿色系，以植物为主题具有异域风格的画品和奶白色休闲沙发上的靠包相搭配融合，更让泰式风格的气氛熠熠生辉。阳台的编织储物筐同椭圆形的编织茶几以及书桌上藤条效果的花瓶都烘托出了与大主题相一致的和谐美感。方形的书桌搭配圆形的浅色带绿边沿块毯给书房的气氛添加了一些活泼感。木暗色的吊灯、暖黄色的烛台、带有异域风格的阅读灯，无不彰显出阅读空间中舒适感与美感并存的泰式风格。

7. 家庭厅

家庭厅的立体石质砖墙作为背景墙，在暖色调的灯光照射下格外具有立体感，整个沙发背景墙极具层次感，独具自然气氛的设计感。背景墙的墙面装饰挂件在色调上迎合了整体的棕榈色系，从单品的材料上说，木质的选择也是别具一格。

家庭厅是供人们休闲娱乐的活动空间，所以在软装搭配上选择绿色花艺、编织藤条的休闲沙发以及圆弧腿的茶几桌，处处弥漫着休闲自在的气息，明亮的大落地窗加上垂直柔美的茶色双开帘，与其色系相近的靠包，在整个泰式风格的家庭休闲厅中有机地统一，茶几桌上奶白色和绿色的花艺、陶瓷质感的深色花瓶，这些软装搭配单品恰好相融合，营造出愉快休闲的欢乐氛围。

案例八　温暖泰式小户型样板间

整体的客厅效果以奶茶棕色系为主要色调，沙发区的深色木质茶几桌和电视背景墙的深色展示柜相融合呼应，让色调中有深有浅，有重有轻，使得整个客厅的视觉效果更有层次感。

1．客厅

选择米色条形纹路块毯，和相似色系的垂感双开帘以及浅色沙发、主人椅上柔软的毛毯相辅相成，营造了和谐舒适的泰式亚洲风。沙发上的棕色系靠包用来点缀整个浅色系沙发的视觉舒适度，也恰好与圆木茶几上的桌旗相呼应。浅色的块毯和浅色系的沙发也起到了扩大空间视觉效果的作用，金色圆形吊灯是整个客厅的亮点。

2．电视背景墙

电视背景墙壁纸无论是从纹样还是从颜色上来说，都为整个客厅添加了浓郁的亚洲风气息。展示柜中，相框、书籍和极具亚洲风情的摆件错落有致，圆形茶几桌白色兰花花艺以及陶瓷茶具，无不为整体氛围的营造添加了一笔浓重的色彩。

3．就餐区

就餐区的深色垂挂式吊灯是一大亮点，餐椅的浅色软包与壁纸相搭配，更显得独具亚洲泰式风情。竹草编织的餐垫上摆放着朱红棕色系餐具以及浅蓝色花瓶，

让整个视觉效果丰富起来，色彩上有深有浅，极具层次感，这些琐碎的细微之处都能显示出设计师独具匠心的细节处理手法。

4．主卧

　　主卧的花纹壁纸和浅色软包床背、浅米色床品的选用，以及深色墙纸的选用，使卧室更加沉静和安稳，浅米色的床品使卧室更加明亮。与壁纸产生对比，既显得不单调又可以增加卧室舒适安逸的亚洲风情，在视觉上起到了既扩大空间感又增添温暖的视觉美感。床尾的折扇装饰和床头的鸟笼造型台灯，更能烘托出泰式亚洲风的大主题。

　　在卧室中摆放绿植，增添些许自然风情又起到了净化卧房空气的功能，深色展示柜上极具亚洲风情的摆件和晒台上摆放的茶艺、棋具，无不展示出设计师独具匠心的设计品位。

5. 书房

在阅读区摆放绿植增添了空间的生机感和活泼性，净化了空气，兼具实用性和美观性。浅色双开帘和深驼色的休闲椅，提亮了整个空间的色彩明亮度，同时衬托出深色书架的沉稳、庸实感。带有提花纹样的靠包和麻质树叶型纹样奶白色靠包以及同色系毛绒感的休闲毯，这些单品摆放在柔软感的深驼色休闲沙发上，非常具有泰式亚洲风的情趣氛围。

暖黄色的阅读灯烘托出阅读气氛的休闲舒适感，书桌上的笔、墨、纸、砚更能打造出亚洲风的氛围，极具表现力的各种摆件贴合软装设计的大主题，在各种细节之处表现出设计师对细节的处理非常到位，让人沉醉在亚洲风的阅读气氛中流连忘返。

案例九　现代亚洲风格公寓样板间

亚洲风格是以亚洲多种文化为根基，相互交融后的一种家居风格。亚洲风格的文化基础决定了亚洲风格的家具特点。亚洲风格本身融合中、日、韩、泰等多种文化因素，决定了新亚洲风格本身是一种混搭风格。

1. 客厅

亚洲风格家具将崇尚极简的日式、风情万种的东南亚、雍容而内敛的中式有机地结合起来，集亚洲传统与现代文化之大成。其家具可寻觅日式榻榻米似的简约舒适特点，可寻觅东南亚轻纱曼舞的风姿，亦可发掘中式稳重、大方的浩然。客厅的风格家具，多以经典的柚木色为主，低矮的和式家具，灯具也极简。同色系的抱枕摆件以及张弛有度、行云流水般的线条地毯的点缀，构成了亚洲风格的特色客厅。

2. 餐厅

亚洲风格的餐厅从实际出发，本着设计服务于功能的理念，整体以原木色家具为主，整体颜色自然淡雅，配以白色的现代座椅，在装饰品的纹样和色彩上用清新的碎花图案进行色彩对比，同时增加空间层次感。背景墙上用金色芭蕉叶的装饰画来点缀，不失热情华丽，讲究光线层次，视觉上既有泥土的质朴，又透着点迷离的贵族气息。

3. 书房

书房的设计更重视实用功能，要带给人以优雅、清洁，有较强的几何立体感。选用的材料也很注意自然材质，尽量天然。木制半透明的推拉门与墙面木装饰的装饰造型，以冷静线条分割空间，代替一切繁杂与装饰。设计以不矫揉造作的材料营造出豪华感，使人感到既创新独特又似曾相识。泰式座椅搭配日式的灯具，配上泰式纹样的时尚黑白地毯，使得空间气氛朴素、文雅、柔和。

4. 主卧

主卧室选用了深木色家具，配以白色丝制布料，结合光线的变化，创造出内敛谦卑的感觉。卧室顶灯采用新中式风格的顶灯，合理的灯光照射，使那些古典元素充满生命，让人精神，显出一种温馨。在空间装饰上，日式高低柜、泰式的壁挂和摆饰体现出了浓浓的东方风情。

软 装 设 计
Soft Decoration

案例十　典雅的新中式风格样板间

本案是位于郑州市郑东绿博园区域的名门地产项目名门紫园的一套大平层豪宅样板房。有着"阅尽郑东唯紫园"诉求的名门紫园项目，力图打造最高品质的城市标杆。

1．入户、客厅

根据项目的特点，设计师在设计风格定位时采用现代中式奢华风格，通过合理的空间规划，材质与色彩的精心拿捏，营造出一处富有尊贵感和人文特色的中国式家居空间。

本案的色彩选用了紫檀色、黛蓝色与金色的色彩组合，营造尊贵典雅的色彩氛围。门厅地面用土耳其金镶玉及希腊雅士白云石拼出传统的海棠图案，选用了紫檀色的铁刀木、珍贵的真丝布艺硬包、进口中国图案壁纸、传统"万"字纹的玫瑰金不锈钢屏风、浮雕面木地板等物料。多处出现的海棠角装饰细节也成为室内装饰的特色元素。

2．餐厅

"紫"在古老的中国是非常稀有的颜色，当时只有贵族、皇家才能穿着这种颜色的服饰，代表着尊贵和富有。与"紫"有关的成语"姹紫嫣红""紫气东来"也无不代表着吉祥和富足，在本案例中，除了紫檀色的中式装饰，还有许多紫色的花艺摆设起着重要的点缀作用。

3. 门厅

空间规划时，设计师用博古架的形式围合成对称通透的住宅门厅，门厅分隔开中餐厅与会客厅，让两个空间都相对正式和独立。门厅附近的软装不奢华却又别具特色，博古架的形式围合既映衬了奢华中式的主题，又将空间分隔开来。柔和的中式台灯增添了美妙的室内氛围。

4. 书房

中式风格书房又称家庭工作室，是阅读、书写以及业余学习、研究、工作的空间。中式书房的装修大多以实木家具为主，与其他风格的桌椅不同。中式风格的桌子一般呈方形或长方形，将其摆放在书房的中心位置，方正的造型显得与四周环境相融合，亦有取意"正中人和"的说法。深色规格点缀的壁纸，紫檀色的中式家具，书房的设计有着浓厚的书香气息。墙上的抽象挂画打破了深色空间的沉静，配上花艺和瓷器摆饰的点缀，共同打造了一个又"文人气质"的中式书房。

5. 卧室

古色古香的家具，白色柔软的床，将现代的床品融入中式环境中，是现代与古典的融合，完美地展现出现代人对中国传统文化的喜爱。温馨的灯光、清幽的梅花、古典的床头背景墙更加增强了整个空间的中式韵味，吊顶和中式落地灯的作用就是使整体的风格更加自然。

案例十一　清新的新中式风格小户型样板间

　　新中式风格诞生于中国传统文化复兴的新时期，伴随着国力的增强，民族意识逐渐复苏，人们开始从纷乱的"摹仿"和"拷贝"中整理出头绪。在探寻中国设计界的本土意识之初，逐渐成熟的新一代设计队伍和消费市场孕育出含蓄秀美的新中式风格。在中国文化风靡全球的现今时代，中式元素与现代材质巧妙兼糅，明清家具、窗棂、布艺床品相互辉映，再现了移步变景的精妙小品。

　　中国传统居室非常讲究空间的层次感。这种传统的审美观念在"新中式"装饰风格中又得到了全新的阐释：依据住宅使用人数和私密程度的不同，需要做出分隔的功能性空间，采用"垭口"或简约化的"博古架"来区分；在需要隔绝视线的地方，则使用中式的屏风或窗棂，通过这种新的分隔方式，单元式住宅就展现出中式家居的层次之美。

　　中国风的构成主要体现在传统家具（多为明清家具为主）、装饰品及装饰色彩上。室内多采用对称式的布局方式，格调高雅，造型简朴优美，色彩浓重而成熟。中国传统室内陈设包括字画、匾幅、挂屏、盆景、瓷器、古玩、屏风等，追求一种修身养性的生活境界。中国传统室内装饰艺术的特点是总体布局对称均衡、端正稳健，而在装饰细节上崇尚自然情趣，花鸟、鱼虫等精雕细琢，富于变化，充分体现出中国传统美学精神。

　　中国风并非完全意义上的复古明清，而是通过中式风格的特征，表达对清雅含蓄、端庄丰华的东方式精神境界的追求。新中式风格主要包括两方面的基本内容：一是中国传统风格文化意义在当前时代背景下的演绎；二是在对中国当代文化充分理解基础上的当代设计。新中式风格不是纯粹的元素堆砌，而是通过对传统文化的认识，将现代元素和传统元素结合在一起，以现代人的审美需求来打造富有传统韵味的事物，让传统艺术在当今社会得到合适的体现。

　　使用"新中式"装饰风格，不仅要对传统文化谙熟于心，而且要对室内设计有所了解，要让二者相得益彰。

案例十二　现代简约风格户型

1. 客厅

客厅生活区为整体深色色调，展现出简洁、稳重、端庄、沉稳的现代气息。简洁圆弧曲线形态的落地灯、大气简练的沙发造型以及垂落直线感双开帘，都迎合了现代简洁风格的装饰特点。设计师运用黑、白、灰3种颜色，营造出客厅生活区域的层次立体感。富有暗纹肌理效果的灰色系背景墙在暖色灯带的映衬下，巧妙地与沙发、地毯相交融，以体现简洁明快的设计风格，更加应和了现代简约风格的基本特点：简洁性和实用性。整体空间氛围让人感觉舒适和恬静，把握适度的装饰又不缺乏时代气息，使人在空间中得到精神和身体的放松。简约又极具线条感的深色主人椅配以银色靠包，时代感极强，这种现代简约风格的软装搭配设计非常巧妙，达到了以少胜多、以简胜繁的装饰效果。

2. 餐区

餐区的软装设计搭配中，黑白是最经典的简约软装风格色调，餐桌椅线条简洁流畅，造型简单独特，配以白色桌旗，色彩对比强烈。在装饰物品的选配上，餐具、花艺以及现代感极强的摆件装饰物，突出时尚新奇的设计。简洁抽象、色彩明快的装饰画品和大量使用反光玻璃镜、不锈钢等新型材料，作为辅材料的设计手法，给人带来前卫、不受拘束的简洁主题。直线线条感造型吊灯、玻璃壁柜装饰纹样、大理石肌理效果，这三者以点、线、面的方式构成了完美统一的视觉效果。在搭配材质上，玻璃、木材、布艺软硬结合，既体现了舒适性又具有时尚感，可谓一举两得。

3．主卧

　　主卧空间以时尚、中性的灰色系为主色调，在温暖而又明亮的黄色暖光灯下凸显出和谐、安逸的舒适休息空间。设计师大胆地采用灰色理石材质作为床头背景墙，以反光镜面加以点缀修饰，但是棉质床品、柔软的窗帘以及舒适柔和的地毯与之搭配起来丝毫不显得生硬冰冷。在灰色墙面上悬挂的黑白抽象画，现代感与时尚感并存，丰富了视觉美感。

4．阅读区

　　阅读区以整体成熟稳重的咖啡色色调打造出舒适安逸的阅读氛围，木纹肌理图样的浅色壁纸起到了扩大空间面积的作用，配以抽象几何色块装饰画，与整体的黑、白、灰色调相融合，沉稳而又不失个性。深色暗纹木质书桌上极具时代感造型的阅读灯、造型前卫的人物摆件，更能突出整个空间的现代时尚气息，迎合了现代简约风格的装饰特点。在整体黑、白、灰的大色调中，采用多种粉金颜色的细节加以点缀、修

饰，再加上整个主体空间中金属材料、木质材料、棉质材料的有机结合，无不彰显出简单而不失细节的软装搭配手法。

案例十三　现代风格案例——津滨小户型

此案例是天津津滨发展公寓项目的现代设计风格案例。现在越来越多的年轻朋友都喜欢现代简约风格，简单、随意、时尚，融合现代的元素，展现不一样的温馨与舒适。因此，简单的设计方式也成了现在家装中的一个主流，简约中凸显出一分现代都市生活的新品质。

1. 客厅

以咖色为主，让人觉得温馨浪漫，米白色的沙发搭配拥有时尚元素的抱枕，深咖色的地毯增添了客厅的厚重感，白色的单椅和茶几为深色空间增添了生机活力，再配上个性的桌旗和花艺摆件，一个现代时尚的客厅就被成功地打造了出来。

2. 书房

书房是人们结束一天工作之后再次回到办公环境的一个场所。因此，它既是办公室的延伸，又是家庭生活的一部分。书房的双重性使其在家庭环境中处于一种独特的地位。书房以体现时代特征为主，没有过分的装饰，一切从功能出发，讲究造型比例适度、空间结构图明确美观，强调外观的明快、简洁，再搭配时尚元素，体现了现代生活快节奏、简约和实用，但又富有朝气的生活气息。

3. 卧室

卧室的设计，不需要奢华繁杂的装饰，简单、温馨、幸福就好。现代简约风格，把时尚、温暖的元素融合到卧室装修效果图的每一个角落中，感受简洁的美，同时也是让人沉醉的美。卧室中的家具突出强调功能性设计，设计线条简约流畅，家具色彩对比强。床依旧是卧室的主题，黑、银搭配的床上用品，带给人沉稳、时尚的感觉，简约设计是从舒适的角度出发，让卧室中的人可以拥有一个好的睡眠。

案例十四　法式田园风格样板间

1．客厅

　　居室氛围的营造，重要的是布艺的采用。比如，窗帘与沙发布艺应能在颜色和质感上搭配，如果同时沙发布艺能与墙面色彩遥相呼应，构成柔和曼妙的色彩对比，再加上颜色合适的家具，整个房间的颜色搭配就能达到既和谐又精彩的效果了。一般来说，和谐了容易显得平淡，而精彩了又容易色彩太亮或太重，产生视觉疲劳。

2．餐厅

　　法国人轻松惬意，与世无争的生活方式使得法式田园风格具有悠闲、小资、舒适而简单、生活气息浓郁的特点。最明显的特征是家具的洗白处理及配色上的大胆鲜艳。洗白处理使家具流露出古典家具的隽永质感，黄色、红色、蓝色的色彩搭配，则反映了丰沃、富足的大地景象。而椅脚被简化的卷曲弧线及精美的纹饰，也是优雅生活的体现。

3. 衣帽间

法式田园风格的优雅一直为女性所钟爱。相对于美式田园和英式田园，法式田园风格显得更为安静。法式田园比较注重营造空间的流畅感和系列化，虽然也被戏称"脂粉气"过重，但那种浪漫确实让人无法抗拒。

4. 卧室

打造纯正的法式田园家居，古董、蓝色、黄色、植物以及自然饰品是法式田园的装饰，配饰、条纹布艺、花边则是最能体现法式田园的细节元素。一般来讲，法式田园家具的尺寸比较纤巧，而且家具非常讲究曲线和弧度，极其注重脚部、纹饰等细节的精致设计。材料则以樱桃木和榆木居多。很多家具还会采用手绘装饰和洗白处理，尽显艺术感和怀旧情调。

案例十五　美式田园风格样板间

1. 入户

美式田园风格又称美式乡村风格，属于自然风格的一支，倡导"回归自然"，在室内环境中力求表现悠闲、舒畅、自然的田园生活情趣，也常运用天然木、石、藤、竹等材质质朴的纹理。巧于设置室内绿化，创造自然、简朴、高雅的氛围。美式田园风格有务实、规范、成熟的特点。 一般而言，进入了户门，就可以欣赏到家居空间中对外的公共部分，客厅、餐厅都是用来招待来宾和宴请朋友的。

2. 客厅

客厅作为待客的区域，一般装修的时候都要求简洁明快，同时要求明亮光鲜，通常使用大量的石材和木饰面装饰。众所周知，美国的历史较短，因此美国人对历史感的要求很高。这种要求不仅反映在软装摆设上对仿古艺术品的喜爱，同时也反映在装修上对各种仿古的墙地砖、石材的偏爱及对各种仿旧工艺品的追求上。总体而言，美式田园风格的客厅宽敞而富有历史气息。

3. 餐厅

　　美式风格室内软装元素很明显，许多美国家庭还会根据季节和假日来变换家里的装饰。在色彩方面，主要有美国星条旗组合色红、白、蓝，以及带有茶色陈旧感的红、白、蓝。在餐桌家具的选择上，多用较硬、光挺、华丽的材质，美式田园风格的标志性图案有代表南部热情好客的菠萝图案及鸟屋等；通过大量运用带有温馨情感文字的装饰品以及家具装饰等天然材料，配上鲜花的点缀以及小碎花瓷器，就会营造出一个典型的美国田园式氛围。

4. 卧室

　　美式家居的卧室布置较为温馨，作为主人的私密空间，主要以功能性和实用、舒适为考虑的重点，一般的卧室不设顶灯，多用温馨柔软的成套布艺来装点，同时在卧室的软装和用色上非常统一和谐。在窗帘选择上，客厅选用了碎花图案，主卧则选用经典的田园格子窗帘。全屋还有不少精致的饰品，如具有田园风情的灯饰、陶瓷挂饰、仿古瓦罐型花器、西式天使摆件等，提亮了整套房子的自然气息。

案例十六 地中海传统风格软装案例

1. 客厅

蓝色沙发的洁净与条纹布艺的明快形成鲜明的对比，体现出地中海风情中的大方的路线。相对应的白色沙发略显安静了几分，更加舒适轻松，简洁的造型突出了地中海特点。室内的小饰品尤为令人喜爱，是构成地中海风格的一个重要元素，穹顶运用铁艺吊顶灯，近处的烛台独有情趣，瓷瓶中的黄色小花映射出生活的气息，铁艺的金鸡成为远处的小景。窗饰与沙发布艺的色彩搭配井然有序，窗帘布艺旁地灯的光晕照射在屋内，使爱看书的主人欣喜万分。地毯的独特花纹展现了地中海的地域风情。

2. 餐区

以天然的木质原色和蓝色、黄色、红色的色彩搭配为主，走简约大方的路线是地中海风格的独到之处。逐自为主人展现出空间的功能，天花板运用方镜和原木色格栅，使空间向上延伸，加之铁艺灯饰搭配，丰富了整个空间。与之相对应的地毯，凌散而不乱的花纹图案，整体造型的沉稳大气，呈现出视觉的享受感，餐厅座椅上的布艺与窗饰布艺的色彩和花色相呼应，窗饰线条的重垂感与大块面积的蓝颜色相结合，虚实层次有序，从而使得白色的纱帘显得更加通透自然。充满艺术感的装饰油画使墙面不再单调，充分体现出餐厅空间的整体性。

3. 卫生间

卫生间以米色大理石拼贴为主，表面光泽度在灯光下营造出温暖轻松的环境，干湿分区有助于家居环境保持干燥，避免水汽在居室内散播，有利于延长家具与装修材料的使用寿命。浴室的复古吊灯、半直接向上照射的灯光体现出独特的享受空间，洗手台一角的植物点缀整个空间，舒适、安静的气息迎面而来，浴室与厨房一隅的地毯独特花纹展现了地中海地域风情。

4. 儿童房

樱桃实木地板，简约大方的床品，造型简洁的床头灯与精心雕琢的灯壁，突出了洒脱、简单，追求本色的特点。搭配一些航海的雕塑品装饰，房间与之相对应的还有墙上的精心自制的海盗模型和一轮明月，形成三维立体的航海场景，寻找童年的快乐，其乐无穷。屋顶灯饰具有情趣性，床单与蓝色壁纸相呼应，形成整个空间的大调色。

5. 厨房

案例里是楼梯过道及开放式酒吧的一隅，充满艺术感的雕琢的非洲小人使得墙面不再单调。地图字样的图案运用到了瓷器中，桌子精致细腻、造型独特，在楼梯的一隅显得生动有趣，楼梯扶手的造型简洁却不简单，原木色雕刻的扶手与精细的铁艺雕琢相结合，简洁大气。酒吧区的酒柜、镂空隔断墙增添了休闲意趣，塑造出完整且兼顾归属的细腻情感，完好的规划带给我们休闲舒适的环境，仿佛正在向我们娓娓道来主人丰富的人生阅历。

案例十七　地中海风格小户型案例

1. 餐厅

地中海风格餐厅在餐桌上以低彩度、线条简单且修边浑圆的木制家具为主，风格的基础是明亮、大胆、色彩丰富、简单、有明显特色。盆栽是地中海不可或缺的一大元素，一些小巧可爱的盆栽让家里显得绿意盎然，就像在户外一般，而且绿色的植物也净化了空气，身处其中会倍感舒适。

2. 客厅

地中海风格的装饰手法有很鲜明的特征。比如家具尽量采用低彩度、线条简单且修边浑圆的木质家具。地面则多铺赤陶或石板。在室内，窗帘、桌巾、沙发套、灯罩等均以低彩度色调和棉织品为主。素雅的小细花条纹格子图案是主要风格。独特的锻打铁艺家具也是地中海风格独特的美学产物。

3. 回廊

地中海风格的建筑特色是拱门与半拱门、马蹄状的门窗。建筑中的圆形拱门及回廊通常采用数个连接或以垂直交接的方式，在走动观赏中，体现出延伸般的透视感。此外，家中的墙面处均可运用半穿凿或者全穿凿的方式来塑造室内的景中窗。

4. 书房

为地中海风格的家居挑选家具时，最好是用一些比较低矮的家具，这样能让视线更加开阔，同时，家具的线条以柔和为主，可以用一些圆形或是椭圆形的木制家具，与整个环境浑然一体。而窗帘、沙发套等布艺品，我们也可以选择一些粗棉布，以让整个家显得古味十足，同时，在布艺的图案上，我们最好是选择一些素雅的图案，这样会更加凸显出蓝、白两色所营造出的和谐氛围。

案例十八　优雅的混搭风格

1. 玄关

玄关是一个缓冲过渡的地段，进门第一眼看到的就是玄关，这是客人从繁杂的外界进入一个家庭的最初感觉。可以说，玄关设计是家居设计开端的缩影。玄关的设计应起到介绍主人的格调与品味的作用。与其他种类房间不同，玄关应能够在短时间内给人足够的震撼力。新中式玄关选用山水墨画的屏风做背景，配上花艺和瓷器的摆饰，用古典中式的家具配上鎏金的图案，让客人进门就能感觉到中式的古典韵味。

2. 客厅

混搭软装风格是对传统装饰风格的继承与创新，它对现代元素与传统元素进行了有机的结合，从现代人的需求出发去营造传统韵味。客厅的软装设计中采用对称式的布局，用以营造清幽雅致的生活氛围。客厅中深色硬质木材圈椅体现出独特的东方风格，同色系深浅不一的绒质靠包与整体大色调相呼应，极具中国东方风格的屏风采用镂空的形式并赋有中国传统纹样元素，通透感极强，造型气派大方。同样具有中国风的山水画镶

嵌金色画框悬挂在大理石棕色系墙面上，独显中国韵味。在材质的选择上，混搭软装风格不受传统材质的限制，设计师大胆运用新型材料混合搭配，用布艺、针织、丝绒、理石、木材搭配出独具东方韵味的混搭风格。

3．餐厅

在就餐区空间中，黑色反光镜面墙壁凸显沉稳大气之美，又增加了视觉上的空间感，墙壁上搭配中国风山水画，体现了东方古典之美，深蓝色绒质餐椅优雅大气，与墙面同样材质的黑色镜面餐桌上搭配玻璃质感花瓶、高脚杯、玻璃烛台以及餐具，整体视觉效果上玲珑剔透，更迎合了混搭风格追求内敛的设计风格，时尚感与现代感并存，又不失中华东方之美，餐桌上艳丽的黄色花艺在整个餐区空间中起到点睛之笔的作用，提亮了整个色彩空间。明亮宽敞的玻璃落地窗通透感极强，拉伸了整个就餐区域的进深空间，起到了扩大空间面积的作用。窗台上摆放的青花瓷纹样摆件以及展示柜中极具东方韵味的饰品无不彰显出设计师在细节处理搭配中独特的审美情趣，更加迎合了混搭的软装风格。

4．主卧

把历史融入家装中无疑是对卧室最好的诠释。然而，混搭风格不仅继承了这一点，还把当下的流行因素融入其中。卧室的床品在颜色上以浅色为主，没有华丽的装饰点缀，也没有加入多余的亮色点缀，抱枕用深蓝色来搭配亮色，床头背景墙上简单的中式纹理，配合中式花纹的地毯，让整个卧室呈现出一种中式的知性美。

案例十九　后现代主义简约的时尚之家

1. 客厅

客厅中打破传统的黑色豹纹墙纸与米色对花大理石之间的对比不会让人觉得过分冲突，又营造出一种厚实温暖的气氛，格调高雅的浅灰色护墙与线条优雅的灯具和家具让空间中弥漫着一种耐人寻味的品质。而客厅的金属也不再只安于对角边的修饰，它用强有力的重量感和震撼感来打破一切常规的设计。

2．餐厅

在这个后现代的空间中，浅灰色大理石材质塑造的餐桌搭配着明黄色小牛皮质餐椅，带着原始自然的气息。金属是工业化社会的产物，也是体现简约风格最有力的手段。各种不同造型的金属灯，都是后现代简约派的代表产品。空间简约，色彩就要跳跃出来。纯黄色这样高纯度色彩的大量运用，大胆而灵活，不单是对简约风格的遵循，也是个性的展示。

3．书房

书房的设计合理地利用了重金属特点，如果整个屋子过多地点缀了重金属风，那么会显得很凝重，反而会给人一种压抑的气氛，书房是应该安静的场所，因此这里只是适当地点缀了一番，却别有风味，也不影响整个格局。整体设计简单却又不失时尚，木色带金属质感的书桌搭配黑白花色的地毯，既有现代摩登的一面，又能在市中心享受到安静的状态，很是惬意。

4. 主卧与次卧

卧室不宜用太多金属质感的材料来打造，主要是温馨舒适就好，所以依靠新材料、新技术加上光与影的无穷变化，追求无常规的空间解构，大胆鲜明、对比强烈的色彩布置以及刚柔并举的选材搭配。主卧大部分采用灰色背景，木质地板配上现代感十足的家具，同时还有暖黄色的床品灯光为其增添了一抹亮色。次卧的风格相对轻松，几何黑、白、灰造型的背景墙，配上小清新的床品颜色，更显活泼自然。